20th-Century
Fashion in Detail

20世纪
时装细节

〔英〕克莱尔·威尔考克斯（Claire Wilcox）〔英〕瓦莱丽·D.门德斯（Valerie D.Mendes） 著
彭杰斯 刘芳 译

其他撰稿人：奥瑞欧·卡伦（Oriole Cullen） 詹妮·利斯特（Jenny Lister） 索奈特·斯坦菲尔（Sonnet Stanfill）
摄影师：理查德·戴维斯（Richard Davis） 皮普·巴纳德（Pip Barnard）
插画师：利奥妮·戴维斯（Leonie Davis） 底波拉·马林森（Deborah Mallinson）

重庆大学出版社

目录

PAUL
IRIBE

序

瓦莱丽·D.门德斯，1991

有关20世纪服装历史和服装设计师的文献通常只包括少量针对服装面料、制衣解构和装饰性设计的细节介绍，而“时装细节”丛书的笔触则聚焦于全部高级时装的设计细节处。当参观者走进维多利亚与艾尔伯特博物馆，静驻观看展出的高级时装时，总是着迷于那些因精湛工艺而展露出的时装细节。尽管这些展品被玻璃罩隔开，参观者仍然会花费数个小时仔细观察与揣摩每一身套装上的各个组成部分，还会对制作完成一条满是装饰性刺绣的裙子或者一身套装上的复杂剪裁所需的时间和工艺技巧加以讨论和思考。

这本书就是想让曾经的这些参观经验得到扩展，进一步拉近读者与那些系列中最闪光的作品细节之间的距离。所有的影像作品都将镜头聚焦于服装作品的独立部分，以至能够从视觉层面深入这些构筑高级时装世界的基础元素中。

因此我们很开心能在这本书中展示出诸如查尔斯·詹姆斯（Charles James）设计于1934年的婚纱中完美的缝合工艺（20–21页），或者惊叹于20世纪60年代皮尔·卡丹（Pierre Cardin）设计的迷你裙下摆上完美的几何绗缝图形的完美处理（187页，上）。克里斯托巴尔·巴伦西亚加（Cristóbal Balenciaga）擅长服装收尾细节处理的艺术：贴有他标签的服装里里外外都同样完美，无论是服装的收边处理、裁片间的接缝，还是扣眼和衬里都能做到毫无瑕疵（195页）。

对页图

《保罗·伊里巴眼中的保罗·波烈时装》（*Les Robes de Paul Poiret:Racontées par Paul Iribe*），保罗·波烈和Société Générale d'Impression出版。时尚调色盘，巴黎，1908年。

手工时代到工业时代的转变

时间是至关重要的因素：制作这些饱含复杂制衣技艺的时装所需的时间，穿着它们的时间，以及真正拥有它们的人和被其吸引的旁人欣赏它们的时间。

显然，以前的“时间”比今日总是会慢一些。例如，在20世纪初西方的着衣规范和习俗规定下，一位时髦女性需要在一天内更换数套华服以应对不同场合。而她的衣服都来自拥有娴熟裁缝和刺绣工匠的制衣工坊，工匠们需要花费数十上百个工时来满足她的需求——当然，这些顶尖绝妙的制衣工艺技巧仍然是当下高级定制品牌引以为傲的部分。

然而，时间更迭，城市的生活节奏加快了，人们对日常穿着的态度也发生了巨大的变化。20世纪40年代第二次世界大战的爆发，为了延长服装的使用寿命，妇女们不得不开始对穿坏的服装“缝缝补补”，在英国，服装制造商还受到严格的政府“实用”法令的控制，这一切无不阻碍着时装业前进的脚步。

尽管如此，在战火与政府严格限制的双重阻碍下，1942年一群伦敦设计师仍然成功地创造了经典的“实用”系列。即便到了今天，这个系列仍然以其流线型的优雅而引人注目（25页上图和105页）。

相比之下，现代西方形成了一种抛弃式的风气，顾客习惯于购买寿命短暂的低成本服装。当衣服过时，或者它所代表的时尚潮流褪去，它就会被丢弃。

这种抛弃式的风气适用于由大规模生产带来的快速运转的高街市场。在这种市场状态中，商家会为了确保生存而在生产的每个环节，细致到衣服每个接缝的深度和裁剪的各个元素都核查成本精打细算。

受限于服装的实用性和购置预算，如今大多数女性衣柜中都是批量生产的成衣或限量版的日装，少数女性也会有一两件在“特殊场合”穿着的华丽衣服。

总的来说，女性购买价格便宜的成衣势必会限制她们整体造型的华丽程度，但这些服装能够满足平庸生活中的磨损和消耗，并且能够方便她们定期将其扔进洗衣机或者干洗店中。

下图

“今日的茶会服饰风尚”，出自露西尔的“她的衣橱”设计系列，《好管家》（*Good Housekeeping*）杂志专栏，1912年。

定制系列

正如本书中插图所示，维多利亚与艾尔伯特博物馆收藏的服装与我们日常着装相去甚远，但本书将研究核心与重点放置于国际顶尖时装设计师所设计的服装上。

作为代表着时装业最顶尖的设计，它们被拥有者们视为珍宝，并最终捐赠给博物馆以确保它们得到最完好的保存，流芳千古。

本书中所记录的许多服装原拥有者都是由以精致或前卫的穿着方式而著称的时尚名流。除此之外的作品则都是直接出自设计师的制衣工坊，它们基本都只在当季秀场上被模特穿过一次而已。

这些让人叫绝的作品体现了设计师在奢华面料上实现设计愿景的成就高峰，是通过技艺纯熟的缝纫女工、裁缝、刺绣和收边整理工匠所组成的团队以极高的运作标准得以实现的。

为了抓住20世纪60年代发生的文化转变，维多利亚与艾尔伯特博物馆收购了一些服装，无论其结构和收边工艺标准如何，它们都被认为是引领了“另类”时尚步伐的服装。

如本书中的插图所示，有许多设计细节都出自活泼的青年文化创作，这些创作往往与流行音乐的发展相关联。继而，这些所谓的街头风格往往会对主流时尚产生影响。

聚焦面料

本书中的图像和释义将服装制作的过程倒叙，为读者提供了一个反向的视角，从作品的细节反推出设计过程中对于服装的收边处理、结构、剪裁、测试白坯样衣和面料选择，并在可能的情况下，还原设计师的设计初衷。

清晰明确的服装线条图展示了服装的整体面貌，而近距离聚焦的照片则提供了一个独特的机会，让我们能够以此来研究面料和时装细节。

时装设计师们要严苛遵守每年两季高级时装秀和成衣秀的时间发布计划，中间还会穿插季中系列和其他设计系列（须持有相关许可），包括运动装、童装、配饰及附加产品，如香水和化妆品系列等。

每季面料的定夺对于设计师而言可谓新系列的命脉之所在，因为这将确定设计师们在整个服装系列的设计表现。一些设计师甚至不可避免地被评论家们将他们与其最喜欢的面料联系在一起，诸如玛德琳·维奥内特（Madeleine Vionnet）和亚光绉布几乎是同义词，可可·香奈儿（Coco Chanel）钟情于柔软的羊毛花呢，安德烈·库雷热（André Courrèges）喜欢密织精纺毛料。

上图

维克多·斯蒂贝尔舞会礼服，马塞尔·弗罗门蒂（Marcel Fromenti）为英国*The Lady*杂志绘制的插画，笔墨画，1953—1954年。

左下图

香奈儿设计出品的长裤礼服套装和衬衫，黑色网底亮片面料。

法国，1937—1938年。

T.88-1974

对页图

伊夫·圣·洛朗（Yves Saint Laurent）设计的晚礼服（150页）

T.368-1974

某些面料甚至发展成为特定时期的潮流标志。正如流畅利落的绉布非常适合维奥内特的修身斜裁连衣裙（184页），织纹粗花呢非常适合香奈儿的经典西装（95页），而库雷热的革命性裤装和诞生于1964春夏系列的迷你裙因为饰有硬朗的边线，只能用硬挺的面料来固定（191页上图）。西比尔·康纳利（Sybil Connolly）对轻质地爱尔兰亚麻布（19页）的巧妙处理，同样，很少有人能像让·缪尔（Jean Muir）那样在设计中灵活地运用羊毛绉和针织面料（27页上图）。

细节图片展示了横贯20世纪的天然面料：细织真丝、羊毛、棉布和亚麻布，它们仍然是高级时装的常规面料。

尽管像始终充满冒险精神的艾尔莎·夏帕瑞丽（Elsa Schiaparelli）并不畏惧开发非传统材料，包括盘绕的弹簧钢丝（97页）。将近50年后，无法抑制反叛设计因子的薇薇安·威斯特伍德（Vivienne Westwood）会故意兴致勃勃地运用厨房擦拭餐具的毛巾布来做设计（117页）。

对页图

安德烈·库雷热设计的华达呢长裤套装，搭配手套、鞋子和太阳镜。约翰·弗伦奇（John French，1907—1966年）为《每日邮报》拍摄的照片，伦敦，1965年。

上图

“雨衣万岁！”（左）和“长裤万岁！”（右）。左边的模特身穿Dior雨衣和黑色府绸裙子，右边的两名模特都穿的是Courrèges套装。图片出自*Harper's Bazaar*杂志，1964年9月。

珠子、蝴蝶结和纽扣

插图还突出了时装业中一个经常被忽视的重要领域：装饰辅料制造业。传统上，纽扣、珠子、亮片、扣件、腰带、搭扣和新品的研发都是由小规模制造商生产加工的，或通过专业类公司进口的。所有西方城市中心都有这样的机构，其中没有一个比巴黎更甚。然而，时尚的国际民主化和廉价、易于购买的批量服装生产，再加上居家和特定场合服装定制需求的减少，意味着这些曾经繁荣的企业的急剧衰落。

本书的章节是按主题组织的，没有试图按时间顺序描绘时装细节的演变。许多设计元素将每一章联系在一起，但最明显的是设计师的智慧在服饰设计中的体现。

即使是最严肃的服装设计师也会在他们的设计中加入有趣的元素。众所周知，时尚（甚至是高级时尚）和乐趣之间是互相依靠的关系。纽扣和蝴蝶结的应用会显得很可笑，但可以变化无穷，从夏帕瑞丽充满活力的金属杂技演员（113页），到比尔·吉布（Bill Gibb）异想天开的标志性蜜蜂（115页），再到马尔科姆·麦克拉伦（Malcolm McLaren）独特的Vim盖子（117页）。克里斯汀·拉克鲁瓦（Christian Lacroix）将一种高度的幽默感带入他的作品，并与他对历史服饰详尽深入的认知结合在一起。他最著名的是混合不同的充满活力的图案和色彩鲜艳的面料，这里我们展示了拉克鲁瓦将黑色蝴蝶结与印有条纹和波尔卡圆点、色彩艳丽的荧光绿面料拼接在一起的设计（132页）。大蝴蝶结也许不是最实用的装饰性设计，但它们可以为时装增添浪漫或轻松的气息。克里斯汀·迪奥（Christian Dior）在他超女性化的设计中巧妙地运用了各种类型和尺寸的蝴蝶结，在他死后，他的品牌延续了这一传统（129页）。褶皱工艺可以用来表现有翅膀的生灵或可以飞翔的感觉，就像安东尼·普赖斯（Antony Price）在一件不对称的纯白色紧身连衣裙（55页）中富有想象力地捕捉到了这一点。即便是裁制基础款的嵌入式口袋，接缝和暗门襟扣件的处理都具有诙谐双关意味的文化冲击力（96页）。刺绣珠片和贴花可以自由地使用如同艺术家使用颜料一样。Mr Freedom用视觉笑话逗乐了所有来到该品牌精品店的人，其中包括那件画家工作服（101页），而凯瑟琳·哈姆内特（Katharine Hamnett）将机车夹克提升到更高的层次，并添加了一个古怪的字母组合心形图案（193页）。

本书还重点介绍了一些比较实用的服装细节，并探索了那些隐藏在传统的高级时装中容易被忽略的、有趣的工艺细节。

新版提示

我们向您介绍的这本书首次出版就获得了极大的成功，这一修订版增加了近36件服装，比以往任何时候都更多地展示了维多利亚与艾尔伯特博物馆的永久收藏。我们将典型的时装代表作品拿出来讲解，设计师成衣和高级定制，以及许多重要的收购，都在本书首次发布。这些服装记录了服装制作技术和纺织技术的变化，以及对装饰、表面装饰和图案的品味转变，这些都是20世纪欧洲和北美时尚的特征。最重要的是，也反映了时装不断发展的本质。

上图

克洛德·蒙塔那（Claude Montana）为Lanvin1990春夏高级定制时装秀设计的连衣裙、长手套和头饰。格拉迪斯·佩林特·帕尔默（Gladys Perint Palmer）绘制的插画，彩色粉笔和水彩画，1990年。

对页图

玛侬（Manon）的肖像，画像中她身穿理查·尼考尔（Richard Nicoll）的设计。霍华德·坦吉（Howard Tangye）在羊皮纸上绘制的插画，2000年12月。

设计师名单

1　接缝

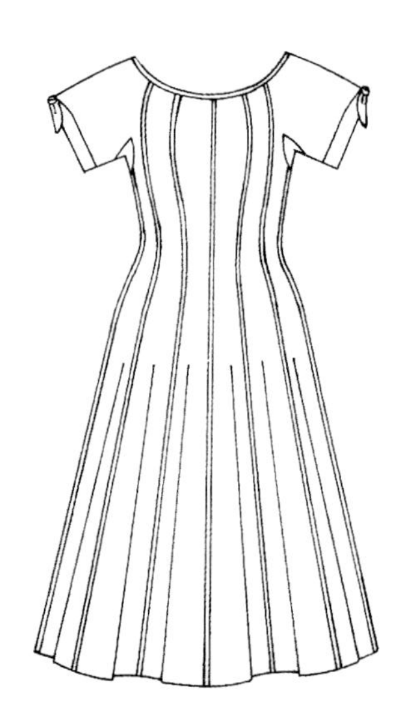

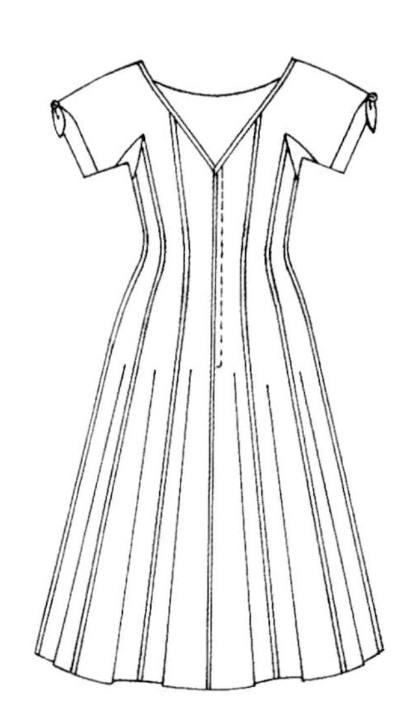

日装连衣裙

爱尔兰细织平纹亚麻布，包布夹心嵌条缝
爱尔兰，1955—1957年
西比尔·康纳利
标签信息：Sybil Connolly，都柏林经典之作
由V.拉斯奇女士赠出
T.174-1973

在这条苔藓绿色爱尔兰亚麻连衣裙上应用一系列较突出的嵌条缝勾勒出连衣裙纵向的轮廓线条。用来装饰接缝的嵌条是用斜裁的亚麻布将坚实的线绳包裹在内制成的。这些嵌条缝既有装饰性，又具有结构性，与裙身上柔和的、水平方向不规则的叠褶形成了质地纹理的反差对比，它们被缝合在一起制成了这件连衣裙。

西比尔·康纳利采用了一种新的裁制方法，为了突出女性的形体线条，将这件连衣裙分解成12片贴合身形的裁片。帽状袖与裙子裁剪成一体，腋下嵌有小的菱形裁片让运动变得轻松舒适。袖口处拼接着用该面料斜裁成的布条，并在上端打成结。

与嵌条缝呼应的是，在连衣裙的领口也饰有同款面料制成的滚边一直延续至深V型后背部。康纳利在爱尔兰开了第一家高级定制时装屋，她以使用爱尔兰本土纺织品，如亚麻和花呢，以及她对微妙、自然色的使用而闻名。*Vogue*杂志在1957年3月刊登了一条类似的裙子，上面写道："这条裙子是亚麻布的，美妙的爱尔兰亚麻布，它有无数的小褶皱。但你可以把它揉成一团塞进行李箱，它也丝毫不会破损，在这个欢乐的季节里大摇大摆地展现出来。"

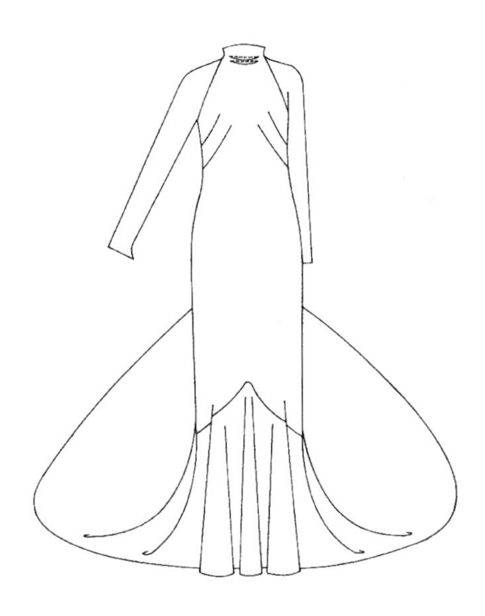

结婚礼服

香橙花款式真丝缎面礼服
英国，1934年
查尔斯·詹姆斯
1934年11月6日，贝顿小姐与亚历克·汉布罗先生结婚时所穿
由亚历克·汉布罗夫人赠出
T.271&A-1974

查尔斯·詹姆斯说："我作品中所有的缝线都有意义，它们强调着身体曲线的韵律和密语。"[1]这件设计于1934年的礼服是设计师早期作品中的经典，透过细节图可以看出设计师通过缝线，利用光滑的象牙白色真丝缎为身体勾勒出优美的形态。礼服背面从中段垂下的流畅设计更令这种美得到了延展。当时这件礼服大获好评，裙身上复杂的剪裁如同查尔斯·詹姆斯为摩登与优雅结合的全新女性形象的庆贺，而这也成为他设计生涯的重要标签。

礼服后部一直延伸至腰间呈现出的V字形部分与袖子部分属于同一块裁片。正如右页图片所示，五个小省道将主裙摆接缝于礼服上身后中裁片，胸围省道围绕于侧面延伸至臀部上方的区域，几乎到了中背部的接缝处。其他细节包括腋下三角形插片、肘部省道、窄袖口部位的贴面处理和固定按扣。高领在前面有小褶皱，在后面用钩扣和扣袢固定。

按照传统的方式，这件礼服被裁制成香橙花的样式。前部裙摆被斜裁成比例下放的裙摆，一直延伸至裙后中部，形成两片分开式长拖尾设计。

这件礼服的美感在于它欺骗性的简洁，以及设计师对材料潜力的完全理解。省道和接缝这类简单的缝制细节被抽象处理应用在正式的礼服剪裁上，这亦有助于勾勒和增强穿着者的优雅。詹姆斯说，时尚是"罕见的，比例恰当的，尽管非常谨慎，但却充满了情欲"[2]。

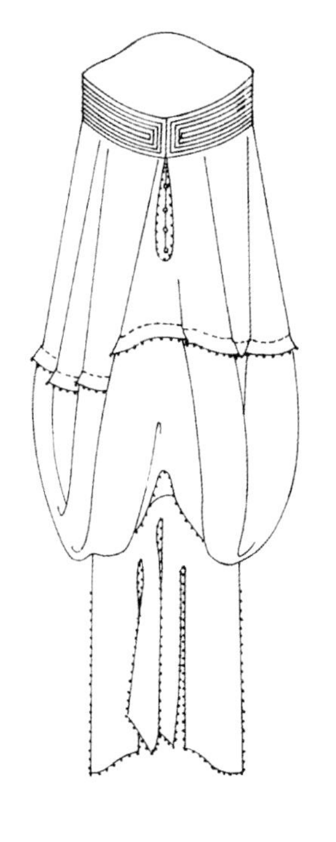

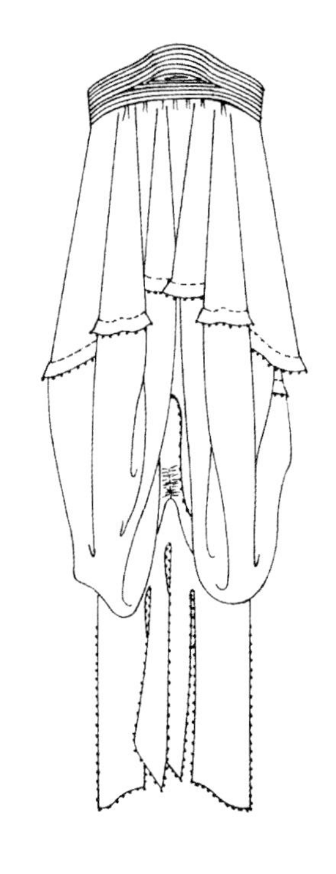

晚礼服

印花真丝雪纺、真丝、亮片、珠子和贴石，
配蓝色缎叠褶帽
英国，1979年
赞德拉·罗德斯（Zandra Rhodes）
标签信息：设计师提供的样品
T.283 to 286 & A-1980

这款亮蓝色雪纺晚礼服来自赞德拉·罗德斯，设计师应用了简单的来去缝工艺，使其边缘更具装饰性。褶皱的外裙中间有一条水平缝，贯穿裙围一周。它的边缘是手工卷制的，并装饰有两排微小的金色珠，这些珠子将人们的注意力吸引到由内而外的接缝上，同时也加重了精细半透明的真丝雪纺的重量，帮助衬托出轻盈飘逸的织物的悬垂和卷边效果。镀金的圆形珠子与印花图案的金色颜料相呼应。线条状、漩涡状的风格化的印花设计具有绘画般的活力，是罗德斯设计的典型表面装饰，也是对空灵的深蓝真丝雪纺的理想补充。

这件礼服有一件用金色丝缎做成的无肩带过肩上衣，上面缀有金色的星星、珠子和拼贴装饰，还有一件卷边和珠子镶边的套裙。它在前面顺势垂下，露出蓝色真丝衬裙，有飘逸的分片式裙摆，每片裙摆的三条边用额外的金色珠加重。马瑞阿诺·佛坦尼在20世纪早期用威尼斯玻璃珠为他设计的德尔斐褶皱真丝长裙（Delpos gown）的褶边和袖子进行了加重处理，但罗德斯用她自己独特的风格和神韵改写了这一实用和装饰性的理念。

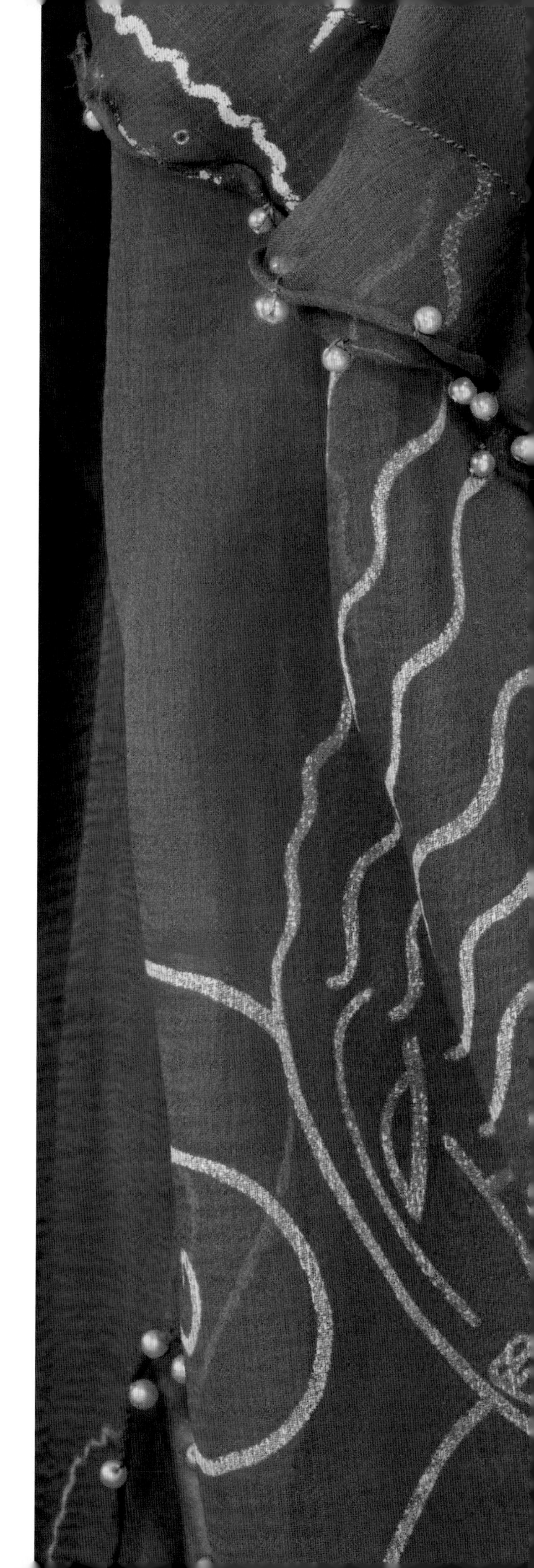

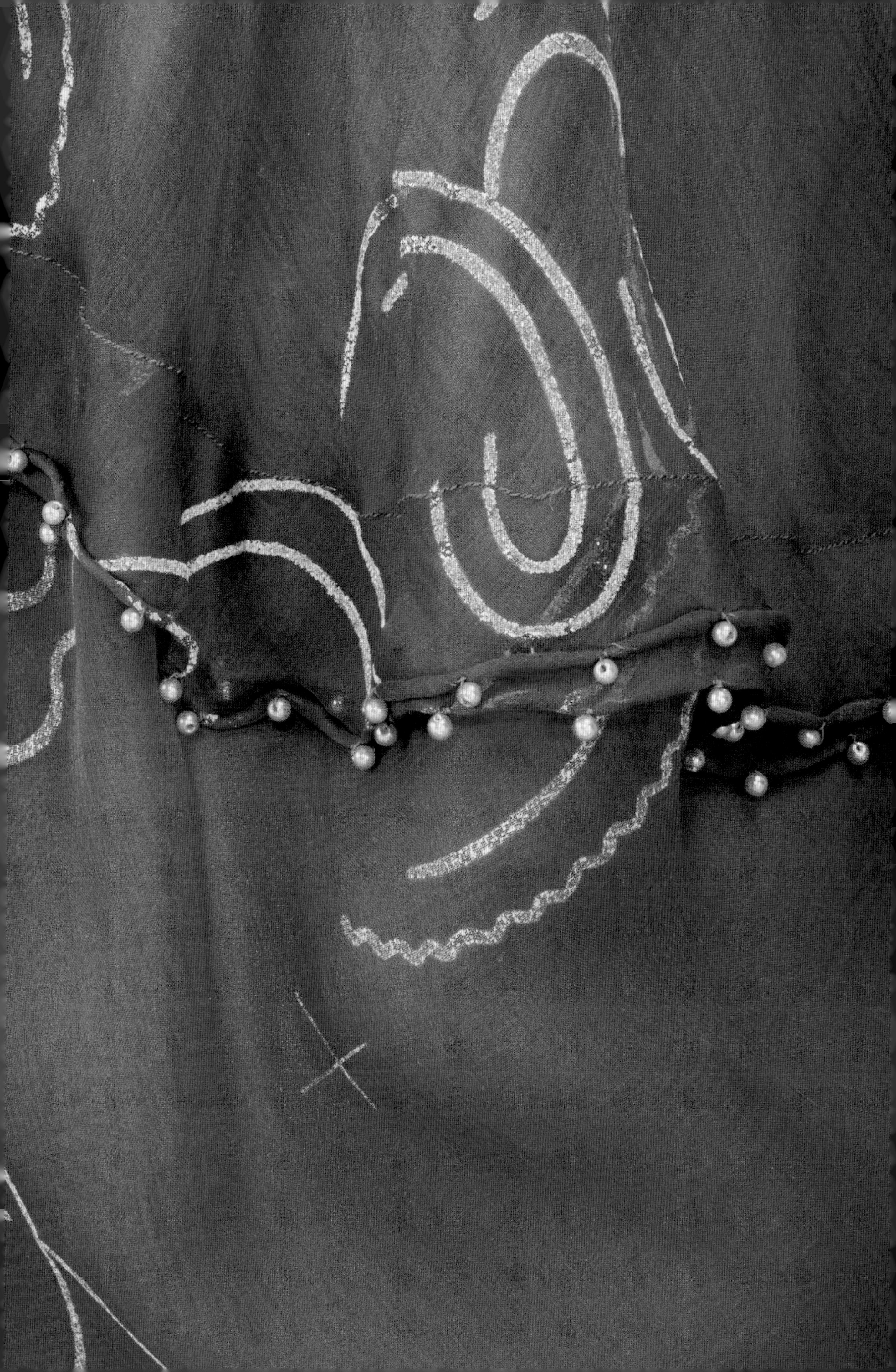

日装连衣裙

亚光人造丝绉上用人造丝辑明线
英国，1942年秋
（应该是）维克多·斯蒂贝尔（Victor Stiebel）
23号实用服装样本，最高零售价53/7（约2.68英镑或4.50美元）
由贸易委员会赠出
T.58&A-1942

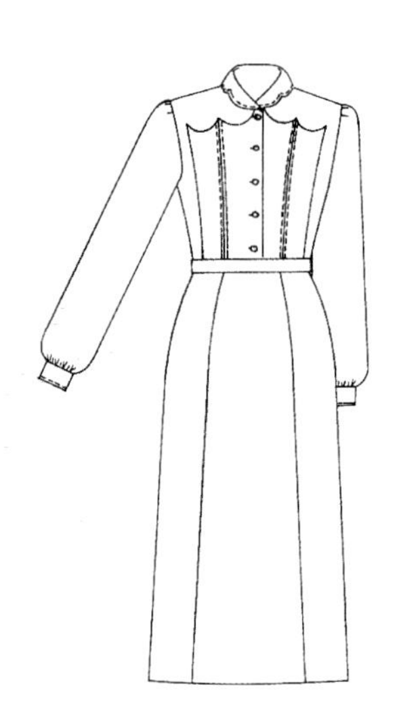

设计于1942年的这件鲜红色人造丝日装连衣裙是根据第二次世界大战战时实用方案设计的，胸襟处集合了大量装饰和接缝细节设计。过肩和领子被裁成一片式外侧边缘收窄的裁片，过肩裁片贴合缝在前胸片上，形成一条扇形接缝。

在收窄的前省道处有两排粗而亮的鲜红色人造丝明线线迹，垂直地平缝于省道两侧，前衣襟开合处缝有整齐的包布扣和镶边（双牙）扣眼。

夹克

机织羊毛
英国，1942年秋
可能是约翰·卡瓦纳（John Cavanagh）
标签信息：小型行李标签，标有“20号C92 / 10号”（最高售价不足5英镑，或8.50美元）
由贸易委员会赠出
T.48&A-1942

这件定制夹克采用棕色和白色羊毛拼接编织面料制成，后背中间嵌入一片斜裁裁片，令格子图案起到视觉上的变化效果，从肩膀至夹克下摆运用了流畅弯曲的正面压线平缝工艺（辑明线）。除了剪裁至臻完美之外，这件夹克还采用了传统制衣技术和精巧的缝制工艺，故而最终的成衣既经济实用又颇有伟大的风格。

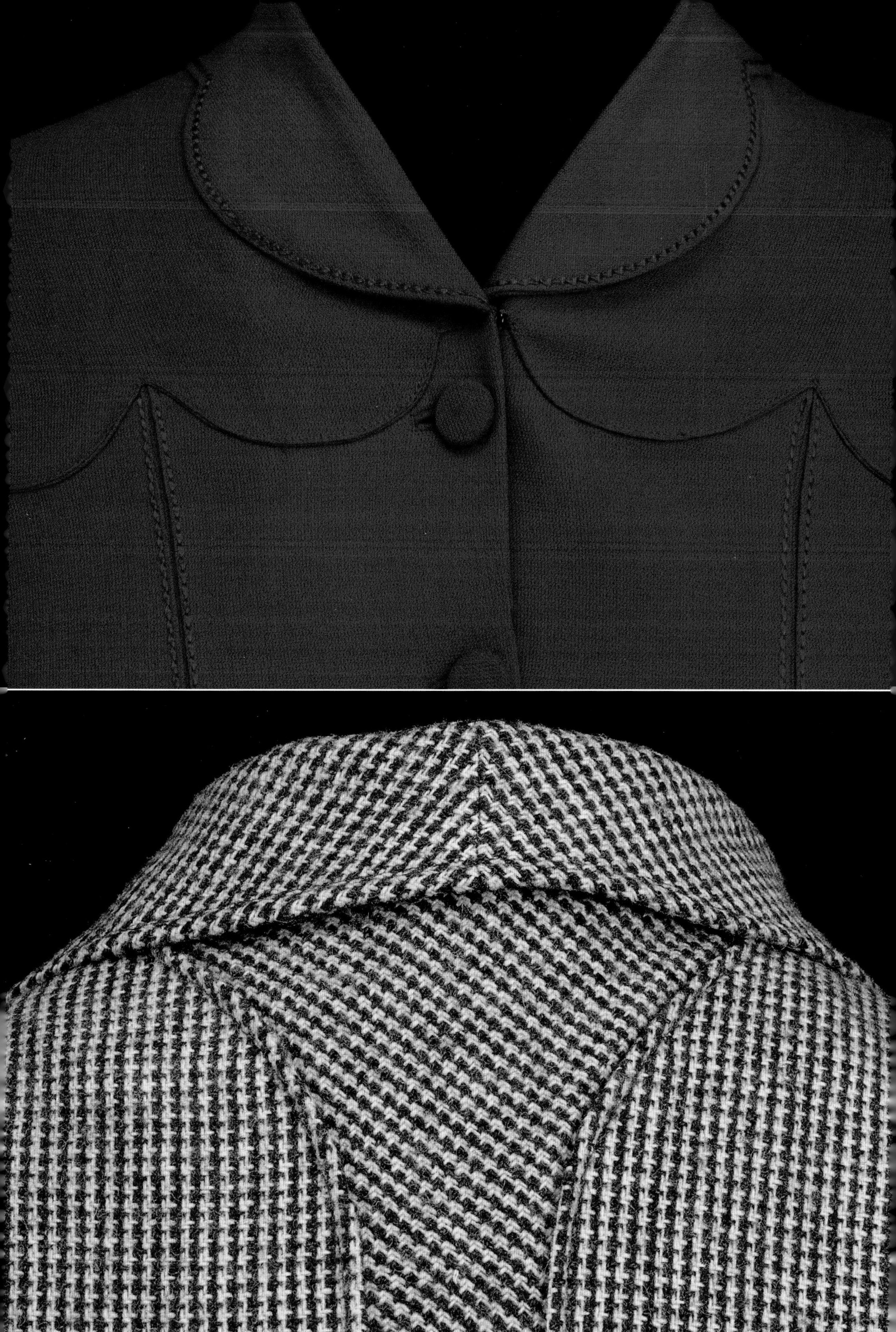

日装连衣裙

亚光粘胶平纹针织
英国，1974年
让·缪尔（Jean Muir）
标签信息：让·缪尔，伦敦
由塞莱斯廷·达斯（Celestine Dars）赠出
T.143-1985

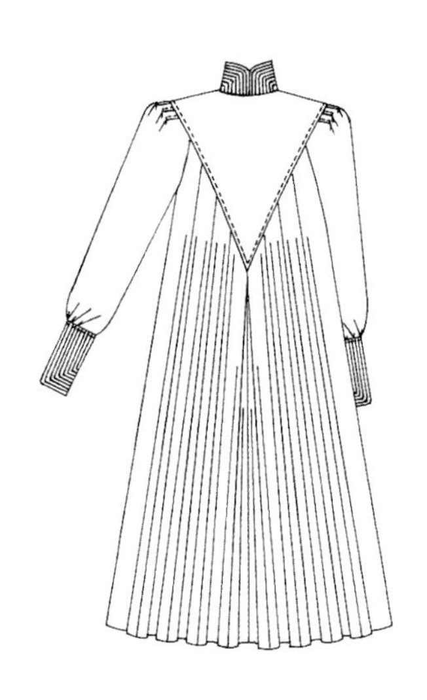

让·缪尔这件蓝色针织连衣裙体现了设计的精细度与细节。袖口采用完整装饰性的正面压线平缝工艺，描出带有弧度的轮廓。这种整洁的压线工艺应用在轻柔的上衣接缝处，干净利落的袖口和衣领上，还有宽松优美的裙身上。

肩膀处有略微的填充，在袖笼和袖口处缝有工字褶和适量叠褶。运用贴边压线平缝工艺将剪裁锋锐的过肩连接主体裙身，令这件无里衬的裙子能够更自然流畅地摆动。这件剪裁复杂的连衣裙由20片窄幅裁片缝制而成，充分利用了面料的流动性和悬垂性。

大衣

毛织华达呢
法国，1967年冬
安德烈·库雷热
标签信息：Courrèges，巴黎
已故的斯塔夫罗斯·尼阿科斯（Stavros Niarchos）夫人所穿的大衣
由斯塔夫罗斯·尼阿科斯先生赠出
T.102-1974

这件诞生于1967年的双排扣迷你大衣剪裁清爽，是Courrèges经典的结构分明的线性设计风格，同时也体现了他对修整处理和细节的专注，他有意将人们的注意力吸引到服装清晰可见的线条结构上。细节图主要展示的是服装上一个装饰性的口袋翻盖、腰侧的嵌入式裁片和纽扣，还展示了精确的白色线迹和暗包缝，更强调了服装的剪裁和廓形。

机织羊毛华达呢面料的柔韧厚度与克重完美地契合了库雷热极具建筑形态的时装风格。

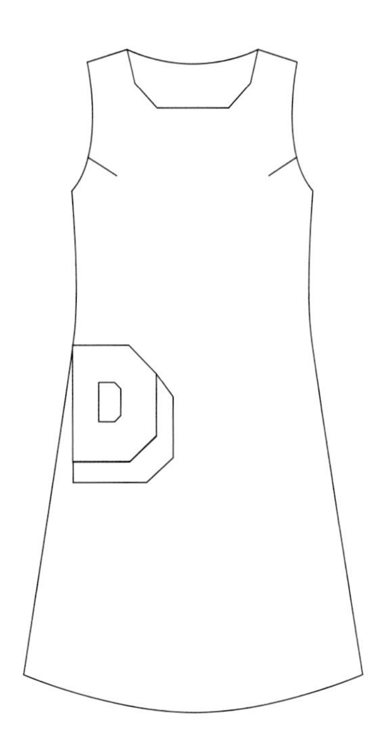

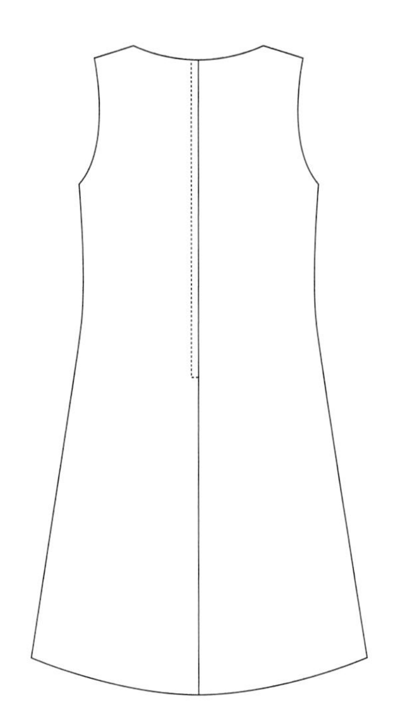

直筒连衣裙

贴花“双D”口袋亚麻连衣裙
英国，1966年
福阿勒和图芬（Foale & Tuffin）
标签信息：Marion Foale and Sally Tuffin
时尚偶像马利特·艾伦（Marit Allen）曾经穿过这件连衣裙
T.29-2010

“D”形口袋灵感来自波普艺术风格双钻啤酒标志，将红色和黄色的亚麻布经过缝合，烫压装饰在直筒连衣裙的侧面。领口的棱角剪裁与口袋轮廓相呼应。肩部稍向下裁有小的胸省道和稍向外展开的裙摆，适合身材娇小的女性，裙长至膝盖以上更方便行走。这条裙子在设计和制作上很专业，但又很简单，体现了20世纪60年代伦敦时尚文化中心的活力和趣味。

玛丽安·福阿勒（Marion Foale）和莎莉·图芬（Sally Tuffin）在沃尔瑟姆斯托艺术学院相识，于1962年在皇家艺术学院完成了时装设计专业文凭课程。在接受了严格的时装制衣技术培训后，他们创办了自己的公司，向国王路上Countdown等多家时装精品店销售服装，1966年在卡纳比街外的马尔伯勒庭院路开了自己的店。正如其他精品店一样，这里成了伦敦音乐家、模特和记者的社交中心。

英国版*Vogue*旗下负责时尚版面颇具影响力的编辑玛丽特·艾伦经常在杂志上刊登Foale & Tuffin的连衣裙，以及极具开创性的裤装。她在1966年6月出版的一篇蝙蝠侠漫画时尚故事中使用了类似的连衣裙。

日间礼服

精纺细棉布、蕾丝及棉纱
手工钩针制品
法国，1904—1908年
由查尔斯·德·梅纳斯男爵赠出
T.107-1939

这是一件令人印象深刻的20世纪早期的夏装，采用最细腻的蕾丝、钩针编织花型和白色精纺细棉布手工制作而成。从细节处可以看出它大面积使用了蕾丝花边和钩针编织花型，以此打造出无缝的效果；而实际是，连衣裙上有许多手工缝合的隐形的接缝，蕾丝花边和钩针编织也非常适用于这类拼接工艺。精纺细棉底布被精心裁剪成锯齿形，从而达到轻盈精致的效果。喇叭形裙摆是由大量精致剪裁的倒V形三角裁片（godets）拼接成的，之间还并列着一排排精细的钩针编织带，并运用细致的手针缝制工艺将其拼接缝合在一起。在统一的全白基底上拼接应用大量不同比例和对比纹理的钩编小花卉图案，是20世纪早期时尚追求奢华的装饰细节。这件时髦的连衣裙上身部位点缀着大簇手工钩织的花朵，V字领边有收拢的网眼褶边，齐肘长袖则有细微抽褶和蕾丝镶边装饰，背面系有小珍珠纽扣和手工编织的线环袢。

1907年，在英国女性杂志*The Lady's Realm*中就有对英国穿着方面的评论："7月是英国最理想的着装月份，我们会想到半透明的精纺棉、飘逸的薄纱和精致的花边，所有这些都让人联想到伦敦和巴黎的夏日甜点。"[3] 这些柔软柔韧的连衣裙在泡沫般的花边和精纺棉下被硬挺的紧身胸衣所支撑。

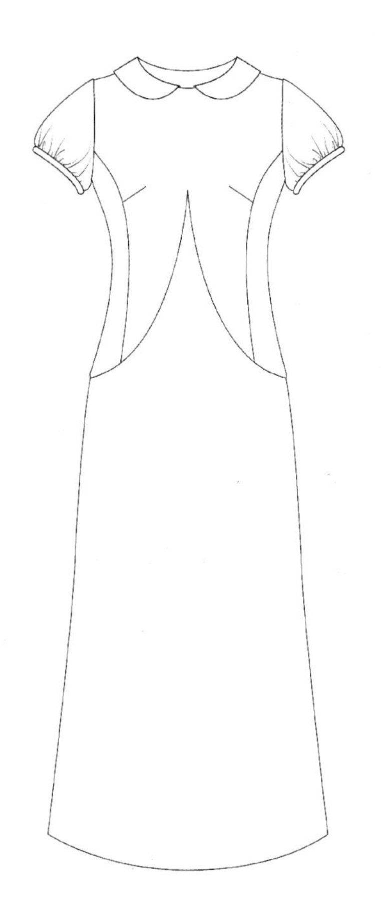

晚礼服

羊毛绉和真丝
英国，1964年
玛莉·官（Mary Quant）
标签信息：来自伦敦的品牌Mary Quant
由凯特·菲利普斯（Cate Phillips）赠出
T.30:1-2007

彼得·潘式衣领和细罗纹绸短蓬蓬袖，样式类似于孩子们的夏季连衣裙，给这件正式的礼服增添了巧妙适度的幽默元素。光滑的真丝与浓密的羊毛绉纱形成鲜明的对比，而较长的长度也令裙子适合作为晚装服饰。除此之外，裙身剪裁简洁素雅，从前胸部中间点裁开两条曲线接缝延伸至两侧臀围线，再到前胸省道都被精致地缝合在一起，礼服的捐赠者凯特·菲利普斯用一枚胸针成就了这件礼服的简洁设计。

时尚在1964年达到了一个转折点：在玛莉·官和安德烈·库雷热的系列中，裙摆都设计到膝盖以上，紧跟街头时尚，但同年的许多系列中也出现了长裙。凯特·菲利普斯在特定的场合会穿这件礼服，包括去东萨塞克斯的格林德伯恩剧院看歌剧。她从玛莉·官精品店骑士桥分店买下这件礼服，这家店于1957年开业，比国王路开的第一家店晚了两年。

1963年以后，全英国的顾客都可以在百货商店和精品店购买到玛莉·官的服装，这些商店出售她的副线品牌——Mary Quant's Ginger Group。在市面上的这两家分店则继续提供更独特的设计，如这款晚礼服。

女式衬衫

真丝和棉
英国，1942年
埃丝特·弗格森（Esther Ferguson）
由以此纪念埃丝特·弗格森的家人赠出
T.88-2014

这件手工制作的上衣完全由窄细的丝带组成，通过一种称为抽纱法的开口线圈缝制法将丝带接合在一起。这件衬衫是在第二次世界大战期间面料和服装配给短缺的情况下进行战时创新的一个很好的例子，于1941年6月推出。在这个时期，像真丝这样的奢侈品很难买到。专业裁缝师埃斯特·弗格森回忆说，这件衣服的面料是她从一件烧坏的衣服上没有损坏的部分获得的。

弗格森使用了一种巧妙的方法，用少量的真丝勉强做成了一件完整的衣服。她先用一种滚条技术，将面料缝成大约0.5厘米宽又长又薄的卷筒，再将其熨烫平成丝带状，并手工缝制在一起创作出成品服装。这件衬衫具有典型的20世纪40年代设计风格——腰部很合身，珍珠效果的塑料纽扣通过手工缝制的真丝扣袢系在一起，在腰部以下缝有一条宽幅真丝带便于塞进裙子里。

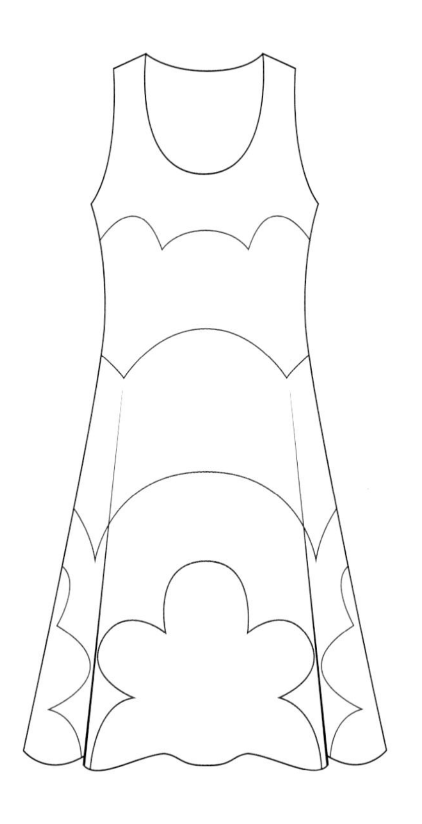

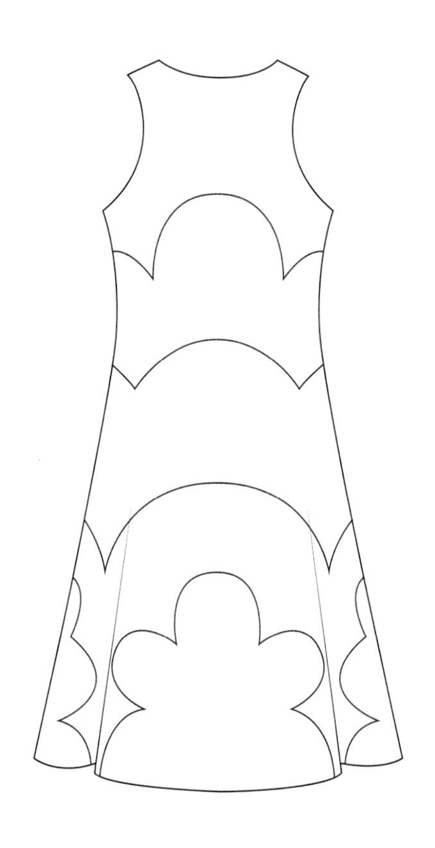

连衣裙

斜裁涤纶绉
美国，1966年
约翰·克洛斯（John Kloss）
曾被玛莉特·艾伦（Marit Allen）所穿
T.259-2009

这件看似简单的拼图裙，需要技术纯熟的裁缝花费数小时细致地剪裁和缝纫才能完成。连衣裙的前片和后片是从坎袖部分开始依次排开的斜裁裁片，并精准地拼接缝合成的；它们接缝于裙身两侧，裙摆向下展开，在裙摆上还拼接着四个亮粉色的花型。约翰·克洛斯的衣服将迷幻精神和耐穿性完美结合。美国版*Vogue*评论说，“他创造出的曲线优美、多片式剪裁的裙子能适合任何体形的女人，真是不可思议。”[4]

克洛斯是当时纽约艺术界的一员，他的朋友包括艺术家罗伯特·印第安纳和英国设计师奥西·克拉克，后者的作品也表现出对色彩和图案的兴趣。克洛斯最初是一名建筑师，回到纽约之前曾在巴黎短暂工作过，在纽约他以色彩艳丽的日装和性感的内衣设计而闻名。

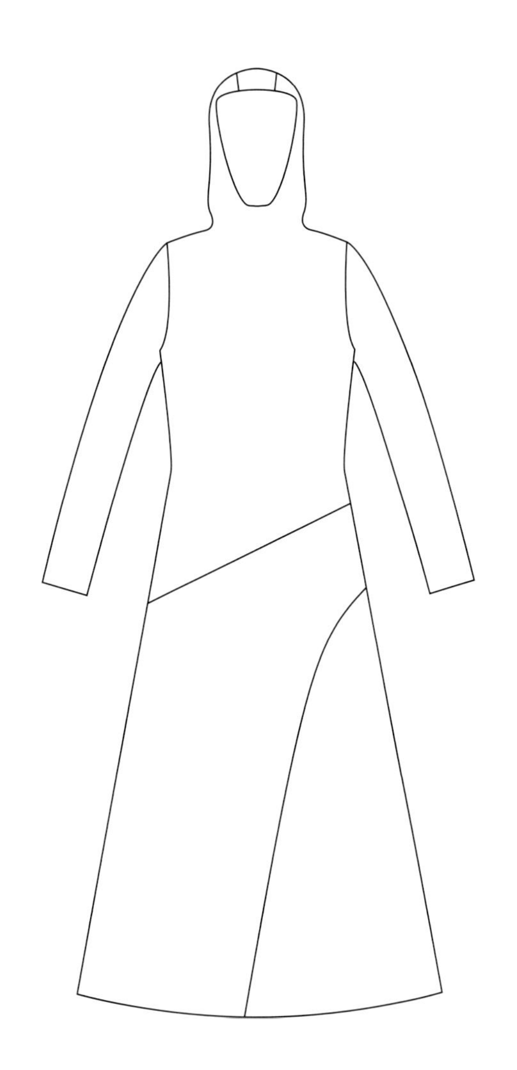

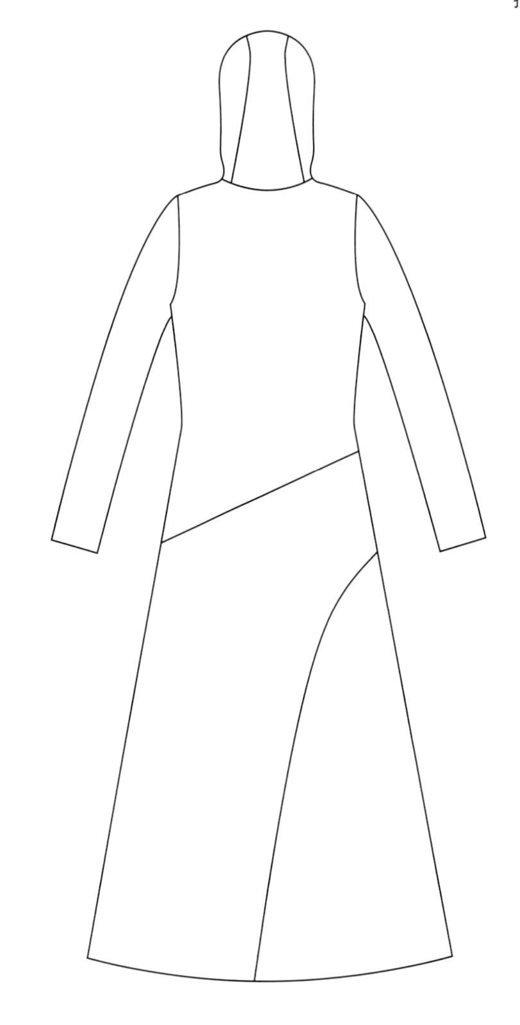

这件日装连衣裙以几乎没有细节而引人注目。仔细看看就会发现斜缝工艺横跨整个身体，让这条略微喇叭形的裙子漂亮地垂在腿边。精确的缝合是实现精确配合的关键，这条裙子的极简化接缝体现了卡尔文·克莱恩的纪律性和线条的纯洁性。长袖和过膝裙摆，给人的印象是灰暗、凌冽的。兜帽是唯一多余的元素，使人联想到僧侣的着装习惯。

克莱恩极力避免使用时尚噱头。他曾说："你只需要一套剪裁完美的西装或一件连衣裙，这能让你的身材更好。"[5] 克莱恩的简约美学观点令他在时尚界取得举足轻重的地位，推动了20世纪90年代的时尚被定义为极简主义的十年。他对所谓的"非颜色"（白色、灰色和黑色）的偏爱完全体现在这条裙子的墨黑色调之上。

日装连衣裙

羊毛平纹针织
美国，1996秋冬
卡尔文·克莱恩（Calvin Klein）
标签信息：Calvin Klein,原始样品编号：Bernadette
由设计师赠出
T.255-1997

2 抽褶、塔克褶和褶*

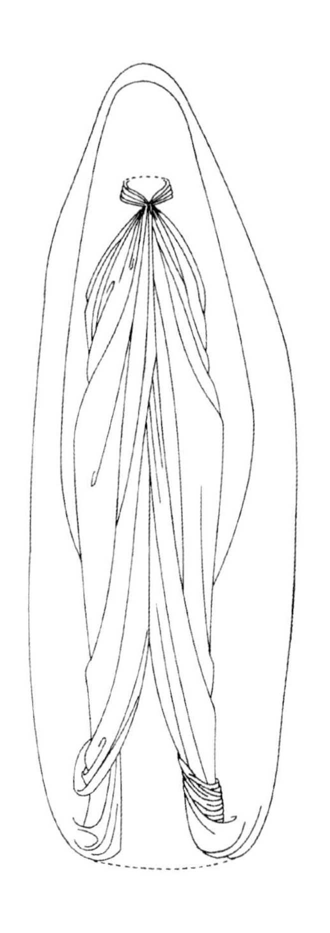

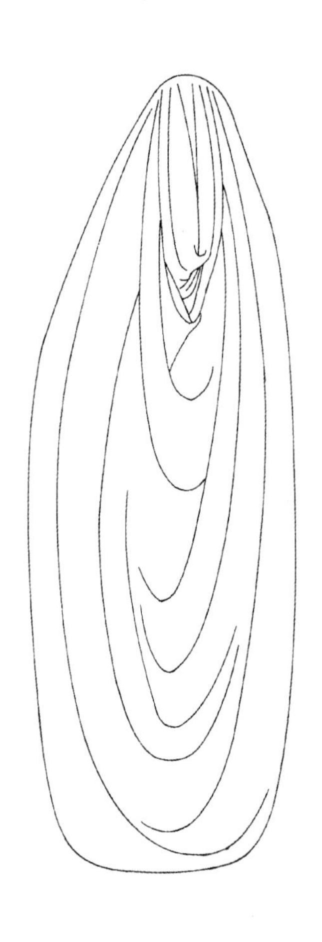

晚礼服

人造针织面料
英国，20世纪70年代末
由纪（Yuki）
曾被美国女演员盖尔·亨尼卡特（Gayle Hunnicutt）所穿并赠出
T.263-1989

这件无袖晚礼服华美的玫瑰粉色针织面料在身体周围形成自然垂坠飘逸的褶皱，用简单的绕颈带穿挂在身体上。在礼服的前中颈部将面料聚焦在一点抽褶并用针线固定，令下摆自然垂落。这件看似复杂的连衣裙，其结构简洁和近乎无缝的剪裁工艺要依赖于这款针织面料轻盈流畅的特性，令此款设计达到贴合身形的效果。裙身柔韧的褶皱垂向地面，垂在脚的两侧，并延伸至身后，成为一件连帽斗篷。未穿上身时，这件衣服就是一块柔软的、几乎没有形状的奢华面料，但一旦穿上身，随着着衣者的步履，它就会充满活力，展现出隐藏在礼服下的美好体态。

戏剧性的剪裁、性感的面料和丰富的色彩，由纪的披挂式悬垂晚礼服要求穿着者充满自信和极具风格。

* 译者注：抽褶（Gathers），指聚拢的褶皱。
塔克褶（Tucks），指用缝线固定的规则整齐的褶。
褶（Pleats），泛指有折痕的褶（如压褶、叠褶、细褶）。

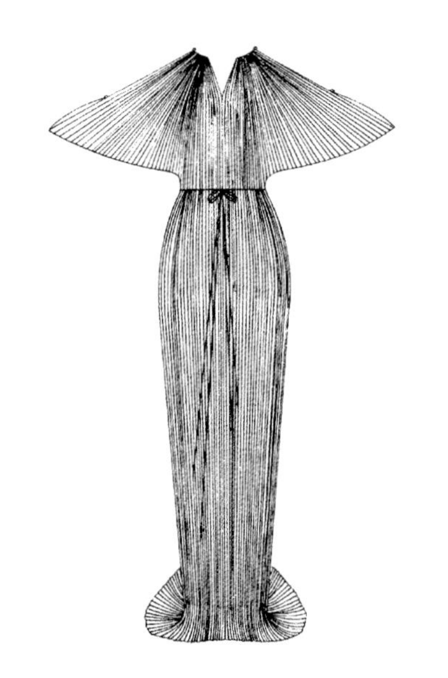

德尔菲长袍

褶皱真丝与威尼斯玻璃珠
意大利，约1909—1920年
马瑞阿诺·佛坦尼（Mariano Fortuny）
黑色和金色
曾被女演员埃莉诺拉·杜斯（Eleanora Duse）所穿
由伊丽莎白·斯威廷代表塞巴斯蒂安·布洛神父赠出
T.731 & A-1972
蓝色
曾被埃米莉·格里格斯比（Emilie Grigsby）小姐所穿
T.174-1967
杏色
由艾琳·沃斯（Irene Worth）小姐赠出
T.193 & A-1974

精致、不规则的细褶是佛坦尼礼服的精髓。这里显示的是扭曲和松散地缠结在一起，就像马瑞阿诺·佛坦尼认为的那样——它们应该被储存起来，以保持褶皱的脆度。佛坦尼发明了一种可以在精纺真丝面料上制造永久性的细褶工艺并申请了专利，但这个方法的具体细节直到今天仍是一个谜。佛坦尼的褶皱有弹性伸缩效果，使简单、流动的礼服紧贴身体的轮廓。佛坦尼在裙摆和袖子处使用的威尼斯玻璃珠，不仅是为了装饰，还用来加重真丝的重量，使其呈现优雅的垂坠效果。所有的礼服都是手工制作的，在肩部和上身部位都系有调节拉绳，以适应身体舒适度作出调整。虽然有许多不同的设计版本，但每一个版本都是为了悬挂在肩膀上而设计的。有些款式设计有袖子，裙身都很长，因为穿佛坦尼礼服的人都喜欢能盖住脚的长裙。真丝被染成各种美丽鲜艳的颜色，这里展示了杏色、蓝色和黑色印有金色百合花图案的三款礼服。

佛坦尼礼服的设计受到19世纪后期服装改革运动的影响，最初是舞者和女演员会选择穿着，如伊莎多拉·邓肯和萨拉·伯恩哈特，随后其他人也开始将其作为一种非正式的下午茶礼服，但后来它被人们当作更适合户外活动的晚礼服穿着。在1923年6月25日的一封信中，雕刻家Hamo Thornycroft描述了他的女儿穿着一件纯白的德尔菲长袍："埃尔佛力达……她穿着那件希腊紧身真丝长裙，看上去很可爱——白色映衬着外面日式灯笼发出的光。"[1] 这些浪漫的长袍，灵感来自希腊雕塑服饰，吸引了很多人；戴安娜·库珀女士（Lady Diana Cooper）曾写道，那些"经典的轻薄真丝长裙，从肩到脚都被剪裁得笔直，还可以像羊毛纱线一样被卷成一团。无论颜色是杂乱的还是微妙的，它们都像美人鱼鳞片一样紧贴着身体"。[2]

婚礼服装

真丝缎、雪纺和欧根纱盘花
英国，1987年夏
约翰·加利亚诺（John Galliano）
标签信息：John Galliano，伦敦
曾被弗兰西斯卡·奥迪所穿并赠出
T.41 to E-1988

约翰·加利亚诺设计的这套礼服肩部和背部上装饰着一簇用真丝面料叠制而成的象牙白色玫瑰。花饰从小花蕾开始，逐渐生长到柔软、饱满的花朵。许多由真丝缎和带有欧根纱叶子的雪纺制成的玫瑰花被饰于细腻的叠褶中。

这件外套是利用一块面料的纵向方向裁制成的，在外套后中下摆处形成了自然悬垂的褶皱，加利亚诺将这些褶皱卷起利用，形成了极具装饰化的效果。这种叠褶方式可以充分发挥面料易于塑造服装廓形的特性。这件外套用一枚隐藏的纽扣固定，有落肩式长袖和低腰接缝，有曲线型的前门襟设计，其背面饰有精心悬垂的褶皱。它被穿在与之配套的一件无肩带连衣裙外，连衣裙的腰身两侧装饰有抽褶，两侧臀围处饰有玫瑰花。伴娘们的服装则是简单的前扣合式白色连衣裙，有交叠的前门襟设计，在每件连衣裙上都装饰有一朵玫瑰花。

面料盘花在服装中的使用并非加利亚诺开创的先河，但这种装饰工艺却呈现出新的样貌，与礼服融为一体，如同从织物本身生长出来，象牙色和白色真丝相交融的精致色调，层叠的玫瑰和浪漫的风格让这套礼服成为一套独特的婚礼礼服。

晚装披风

真丝“罗纹”
美国，1949年
玛蒂尔达·艾切斯（Matilda Etches）
标签信息：玛蒂尔达·艾切斯设计申请专利中
由设计师赠出
T.185-1969

这是一件非同寻常的真丝缎短款晚装披风，用干净利落的风琴褶工艺制成，它们随穿着者的每一个动作呈现奇妙的流动之感。玛蒂尔达·艾切斯于1953年获得了这件披风的设计专利，巧妙的结构形成了一个连续摆动的双层、一体式披风。

披风的前面是单层的风琴褶在肩部连续地摆动着，后面则是双层风琴褶结构，外层如喇叭状向外展开，内层呈直筒状。漂亮的风琴褶立领环绕在脖子上向下延展着。

这款面料由许多条“缎带”构成，它们被垂直缝合在一起再进行压褶处理，红色、褐红色和黑色的真丝条纹进一步突出了这些垂直的风琴褶，边缘接缝的是净色丝带。艾切斯使用了一种持久性的压褶工艺，它与柔软、流畅的运动无关，但它赋予了织物一种刚性、雕塑般的品质。轻盈的真丝在其面幅宽度上获得了弹性的灵活性，使它能够包裹肩膀和躯干，笔直的褶从颈部延伸至锯齿状的下摆。这是一件功能让位于卓越和创新结构的服装，是一件纯粹的装饰性服装。

晚礼服

真丝平纹针织面料和垂尾饰带
法国，1968年
格雷夫人（Madame Grès）
标签信息：Grès, I rue de la Paix
曾被斯坦尼斯劳斯·拉德兹威尔公主所穿并赠出
T.250&A-1974

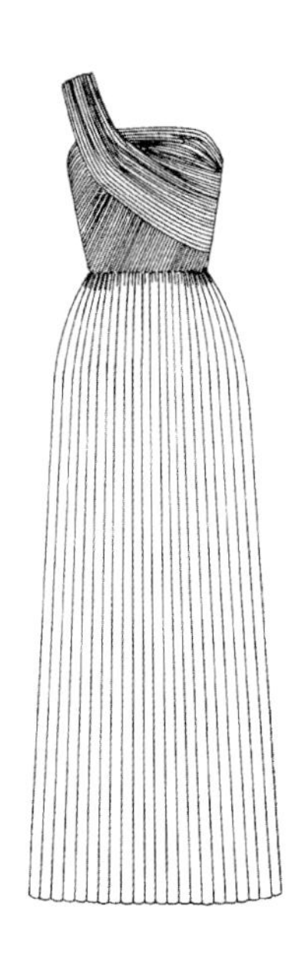

这件优雅白色真丝针织连衣裙上应用了精细、规则的叠褶，打造成一件线条优美的礼服。交叉包裹于紧身胸衣一侧的宽肩带上也装饰有线条流畅的、斜向排列的细褶，另一侧肩膀则裸露着。

应用暗线缝工艺将这些精纺真丝针织面料制成的紧密细褶嵌缝在白色欧根纱上，再将其固定在用鱼骨撑起的束身衣上。礼服上身和裙子是用真丝面料沿直丝方向垂直裁制成的，用简单的压线缝合在腰线上，长柱形的裙子从腰部自然地向下垂落。

日装，连衣裙和外套

真丝塔夫绸
英国，1958年
诺曼·哈特内尔（Norman Hartnell）
标签信息：Hartnell，伦敦和巴黎
曾被温盖特夫人所穿并赠出
T.170&A-1990

这套由诺曼·哈特内尔设计的蓝绿色真丝塔夫绸套装上，成百上千条的细塔克褶覆盖了连衣裙和外套的整个表面。外套的过肩部分是用装饰有细塔克褶的丝带以简单的方平组织编织法交织而成的，这是一种将编织工艺应用在织物结构上的新尝试。肘部长度的宽袖和短款宽松外套上都装饰有逐渐加宽、垂直展开的塔克褶以突出外套的宽松式剪裁。相反，无袖V领、带省道的连衣裙上身装饰有细塔克褶，直裁的裙子是用饰有细塔克褶的丝带编织成的。

鸡尾酒会礼服

真丝
法国，20世纪50年代
让·德塞（Jean Dessès）
标签信息：Jean Dessès，巴黎马提翁大道17号
曾被玛格丽特公主殿下所穿并赠出
T.237&A-1986

这件礼服紧身衣前面是由层叠、弯曲的叠褶构成的扇形饰片制成的，仿佛正在演绎着波浪流动的画面。深海蓝色精致且硬挺的真丝面料进一步增强了这种印象。在曲线完美且合体的紧身胸衣上呈现运动轨迹的样貌是依托于穿插缝制的带有灵巧叠褶的饰片得以实现的，且在正面看不见任何接缝的痕迹。

扇形叠褶饰片将无肩带上半身包围至腰线以下，并水平交叉排列至后背。紧致的上衣与臀部紧密贴合，从臀部开始，裙子向下散开形成绵延柔软的长褶。

夏日连衣裙

真丝绉
法国，约1928年
可能是Jeanne Lanvin
曾被艾米丽·格雷斯比（Emilie Grigsby）小姐所穿
T.141-1967

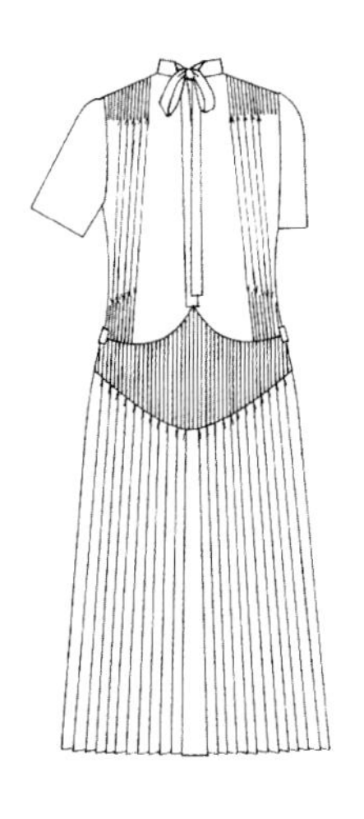

这件鸭蛋蓝夏日连衣裙由真丝绉制成，上面装饰着手工线缝制而成的细塔克褶。这些纤细的塔克褶聚集在肩部和半收紧样式的腰部。在连接上衣和裙子之间的低腰位置是用同样的纤细塔克褶装饰制成的弯曲状裁片，其上边缘线呈曲线状从衣身两侧交至前身中间点，下边缘线与裙子接缝，裙子下摆至小腿长度。这种细塔克褶既有装饰功能，又可以构成精致、柔软、无衬里的连衣裙。它们提供了线性、垂直的图案，使连衣裙的直线感在视觉上更为强烈。在上衣前身，短袖和领口系成蝴蝶结的长饰带上应用的抽丝工艺（drawn threadwork）进一步呼应了这种线性美感。

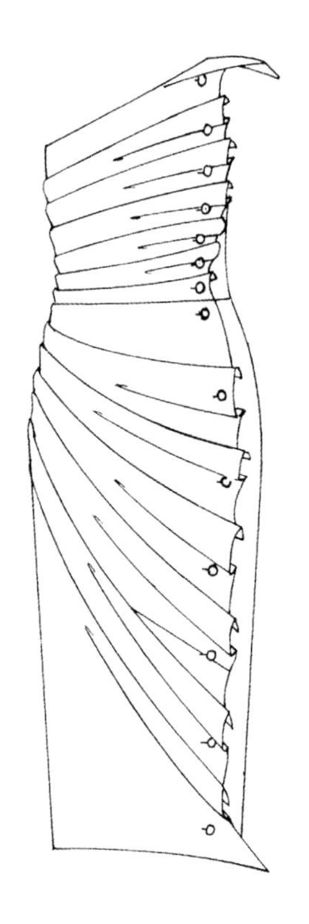

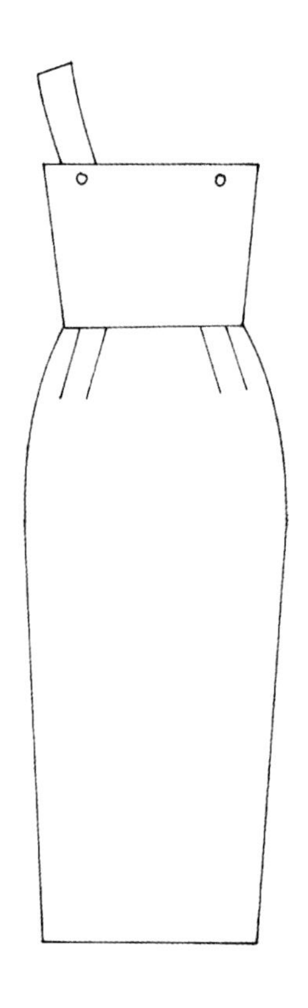

晚礼服

真丝塔夫绸
英国，1986年冬
安东尼·普赖斯
由设计师赠出
T.345-1989

细看这件礼服，真丝塔夫绸被塑造成结构带有戏剧张力的服装，不规则的褶皱聚集于服装正面，肩处的延展则将这种张力异乎寻常地推上巅峰。普赖斯称其为“鸟翼”裙，硬挺的面料褶皱和锯齿状的边缘塑造了如同羽毛般的效果，唤起了关于动态飞翔的想象。

简洁的白色塔夫绸，以其简单的白色和反光的光泽抵消了服装复杂的结构。普赖斯选用硬挺的面料使褶皱得以保持形状，使整件连衣裙形神兼备。用来固定褶皱的面料包扣，为连衣裙提供了一个重要的视觉主题。与之形成对比的是，它的背面非常朴素：简单的紧身上衣配上一条单肩带，下半身是带有腰部省道的紧身直筒裙。

这件具有雕塑感的优雅礼服似乎把身体包裹在一个紧致的管套内，这种形态学上的联系促使它被纳入了1989年维多利亚与艾尔伯特博物馆的时尚和超现实主义主题展览中。

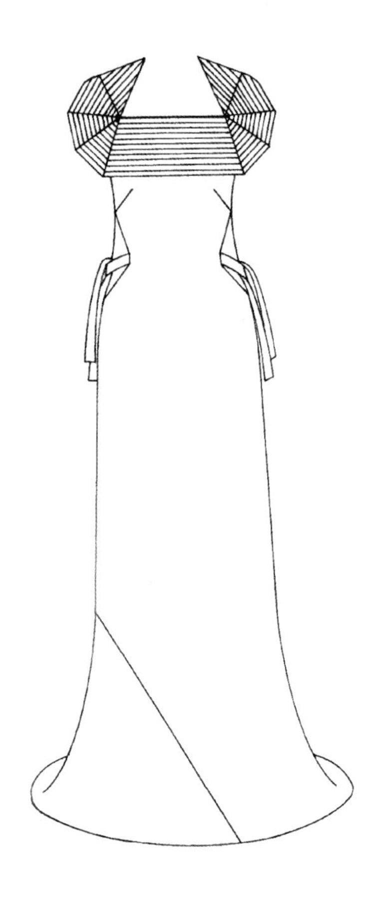

晚礼服套装

天鹅绒披肩和真丝缎礼服
法国，1935年冬
珍妮·浪凡（Jeanne Lanvin）
标签信息：Jeanne Lanvin
L.E.保尔特夫人曾穿过，后由I.L.马丁小姐赠出
T.340 & A-1965

手工褶饰工艺在这个短款深紫色丝绒披肩上创造出一个密集的纹理表面。只将大量的面料紧密抽取堆积在一个小的区域，给予披肩密度和重量。不规则褶皱的深度在单一颜色的天鹅绒中形成了明暗色调。披肩裁片上堆积的褶皱方向变化创造出变化多样的图形效果。又宽又深的衣领和披肩的喇叭形下摆上是水平方向堆积的褶皱，而过肩和衣领下方贴合肩部的区域是垂直褶皱。披肩外层上的天鹅绒经过褶饰加工被固定缝于真丝绡上，内衬是用与之匹配的长礼服裙面料紫色真丝缎制成的。披肩上用巨大的半球形镀银玻璃纽扣扣合固定。

浪凡使用了一种简单的技巧，为这款披肩赋予了奢华的质感，并搭配了丰富的色彩。面料经过褶饰创作所获得的厚重质感和体积与服帖、修长的真丝缎礼服裙形成鲜明对比。

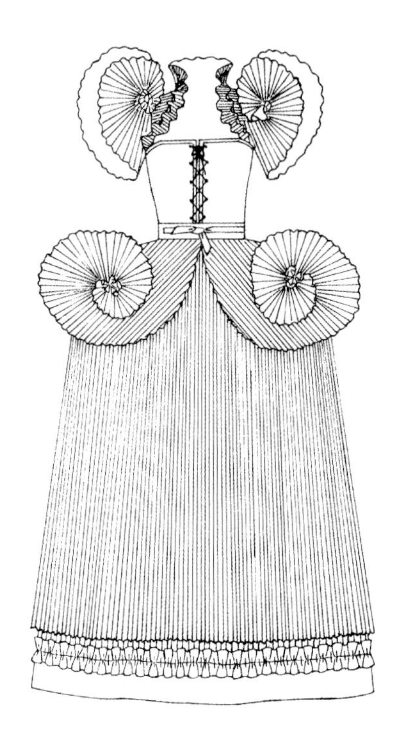

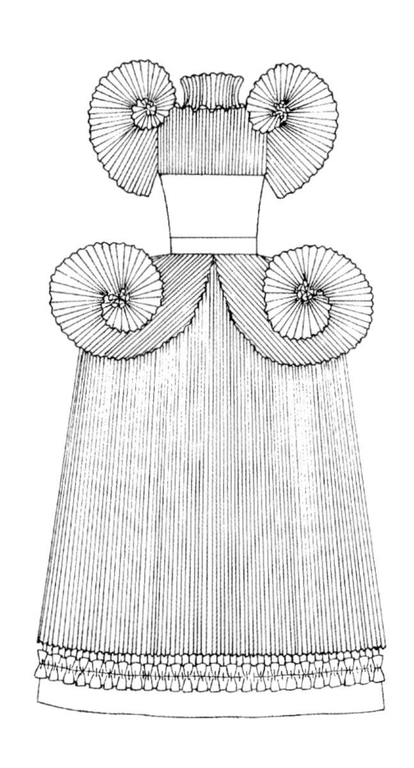

晚礼服套装

“文艺复兴时期的金色衬裙”，紧身胸衣，裙子和穿于裙撑之上的套裙，真丝缎、真丝网纱、锦纶、涤纶和金银丝面料
英国，1981秋冬
桑德拉·罗德斯
标签信息：Zandra Rhodes样衣
由设计师赠出
T.124 to C-1983

这件由桑德拉·罗德斯设计的绝美礼服的“袖子”是运用刀褶工艺在金银丝面料上打造成的漩涡样式。设计师使用一种新式的合成纤维面料来营造早期时尚的光彩。金银丝面料制作出的弹性褶皱呈现出非凡的流体效果。漩涡状的造型像是巨大的异国贝壳稳稳置于肩上，耀眼的金属色显得明亮而飘逸，与黑色绗缝缎面的穿绳式紧身胸衣相映衬。

在黑色真丝网纱制成的刀褶外层套裙上，利用丝网印刷技术印着桑德拉·罗德斯的“墨西哥扇子”印花图案，闪闪发光。臀部上奢华的漩涡状对称装饰造型，与华丽的袖子相呼应，套裙下是用缝有鱼骨的厚棉布制成的裙撑。在完成1981年伊丽莎白系列作品之前，罗德斯曾深入研究了维多利亚与艾尔伯特博物馆中展出的宫廷服装的历史。

连衣裙

细棉布
英国，1986年
约翰·加利亚诺
由设计师赠出
T.17-1991

传统上，设计师会用最轻的真丝、针织布和雪纺来制作柔软悬垂的褶皱，而约翰·加利亚诺则用一种便宜的粗织细纱棉布颠覆了这一趋势。浅粉色细棉布的褶皱被宽大有弹性的松紧带纵横交错地缠绕在身体上。这些带子在领口、臀部和膝盖以下被塑造出意想不到的蓬松和悬垂感。

这条裙子是加利亚诺1986春夏系列“堕落天使”的代表设计，灵感来自法国新古典主义肖像画和法兰西第一帝国（拿破仑帝国）时尚女性的服装，而法兰西第一帝国的时尚女装则借鉴了古希腊雕像的服饰风格。这条裙子也呼应了其他历史上的风格，它们都汲取了同样的灵感来源。简洁的肩线让人想起马瑞阿诺·佛坦尼的褶皱连衣裙（44-45页）。

丰满的臀部和紧绷的脚踝让人想起20世纪早期激进的时装设计师保罗·波烈的设计。然而，这件衣服绝不是历史的仿制品，因为加利亚诺将令人惊讶的轮廓和不寻常的面料结合在一起，使它成为一件非常适合20世纪80年代的服装。

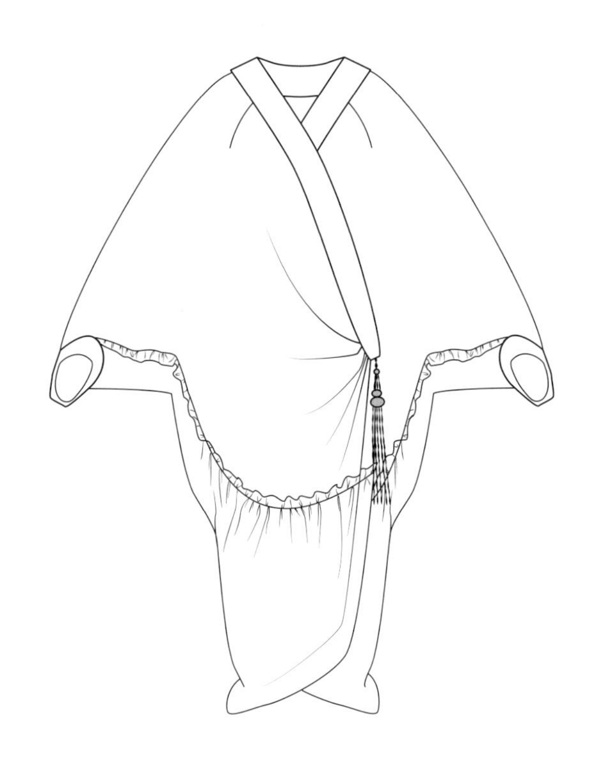

晚礼服长外套

真丝塔夫绸，丝线刺绣和天鹅绒
可能是法国，约1909年
可能出自查尔斯·弗雷德里克·沃斯（Charles Frederick Worth）
曾被勋爵夫人皮尔森太太所穿，由考德雷勋爵和夫人赠出
T.207-1970

这款晚礼服明亮的色彩、大胆的装饰和别出心裁的剪裁都体现了东亚艺术品位对欧洲高级时装的影响。花朵图案可能是在巴黎制作的，是用丝线和金属丝直接在真丝面料上运用大针脚线迹绣制的，仿照了中国南方精细缎面披肩上的刺绣图案。

丰满的廓形包裹着整个身体并向脚部延伸，颠覆了传统的欧洲礼服的“沙漏”廓形。这件外套由四片真丝裁片构成，在外套的前身，聚拢的接缝上装饰有玻璃珠流苏，还缝有一粒包布纽扣以固定外套的开合。“马扎尔”袖没有肩缝延伸到后面。在后背上部，四片裁片交接聚拢在一起被拧结成一个玫瑰花结，遮住了肩胛骨之间多余的褶皱。

这簇真丝在外套的后面创造出有序悬垂的褶皱，从后中缝向前延伸至两侧袖子下面的接缝，在外套前面形成一种弱化且聚集的荷叶状效果。这件套在雪纺礼服裙上的外套，其领口和袖口用深色厚天鹅绒面料制成，内衬用紫色雪纺制成。

在Comme des Garçons 2001春夏系列的“光学震撼”(Optical Shock)系列中，这条红白图案的无袖棉质连衣裙以抽褶宽肩带和胸部褶饰为特色。这款修身长裙看起来就像一件紧身上衣和百褶裙身是各自独立分开的设计，裙子看上去就像快要从臀部滑落下来一样，露出了里面的一条朴素的棉衬裙。因此，红白相间的图案就止于中间的腰腹部，这部分是用白色纯棉布制成的，在其上边缘和下摆处饰有一条迷彩印花带。同样的白色纯棉出现在裙子下摆部位。这种解构式的风格是品牌创始人川久保玲的典型代表之作。她的设计一贯挑战和混淆了人们对一件衣服或一件衣服应该是什么样子的认知。川久保玲通过操纵服装的构造模式和使用意想不到的材料，带给穿着者和观察者们一种难以预期的接触体验。

连衣裙

压褶和印花棉布
日本，2001年
川久保玲（Rei Kawakubo）
标签信息：Comme des Garçons
由设计师赠出
T.4-2005

套装

压褶涤纶
日本和法国
三宅一生（Issey Miyake）1990秋冬
标签信息：Issey Miyake
由设计师赠出
T.224:1-1992

这套衣服来自一组名为“身体褶（Body Pleats）”的设计系列。这款套装的压褶上衣的腰部和袖子都是笔直的，并以前中拉链系紧。这是日本设计师三宅一生从业早期针对不同褶皱工艺技术的研发和运用。因纺织面料很薄，所以三宅一生使用了双层。他在1970年开了自己的工作室，并在20世纪80年代末开始了在涤纶服装剪裁后压褶的试验。

在1989春夏系列中，他首次展示了永久压褶服装的成品。这套套装的诞生可以追溯到三宅一生较早的研发时期，它预示着三宅一生1993年推出的“Pleats Please”服装线将致力于开发压褶服装的潜力。与他的前辈不同的是，三宅一生的压褶会永久地留在布料的记忆中，因此不需要重新再制作压褶。

它们是对现代生活要求的回应：三宅一生希望它们是易于旅行和易于护理的服装。它们完全可机洗，不会软化压褶原有的折痕。正如他在2016年告诉《卫报》的那样，“设计的工作就是让东西在现实生活中运行”。[3]

这件宽下摆晚礼服用真丝网纱通过抽褶缝合工艺制成，紧身胸衣上缝有精致的肩带，层叠的抽褶网纱聚集在中间。一条抽褶网纱腰带在腰部系成一个蝴蝶结。裙子紧紧贴合臀围，下摆向外展开，是用一系列直裁裙片拼接缝合而成的。在裙子向外展开的位置上，应用几码*长的网纱经过抽褶处理缝合固定在裙身上，给人一种褶皱窗帘的感觉。礼服颜色是严肃的深蓝色，服装的细节都是通过针对面料的工艺处理成就的，并无其他装饰。

出生于英国的设计师爱德华·莫利纽克斯以设计时尚、优雅而低调的服装而闻名。1919年，他在巴黎开了第一家工作室，在整个20世纪20年代和30年代拥有一大批追随者，并将业务扩展到法国南部和伦敦。虽然他在1950年退休，但在1964年至1969年期间，他又回到了自己品牌的设计工作室。

晚礼服

真丝网纱

法国或英国，约1938年

莫利纽克斯（Molyneux）

曾被F.J.伯爵夫人所穿并赠出

T.296 & A-1984

* 译者注：码，面料长度单位，1码=0.9144米

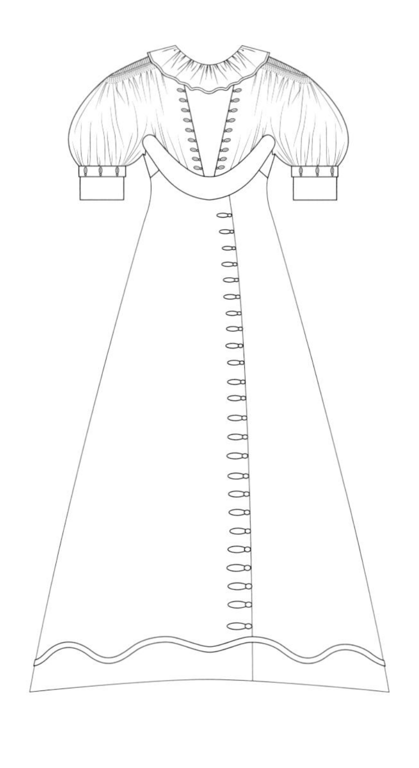

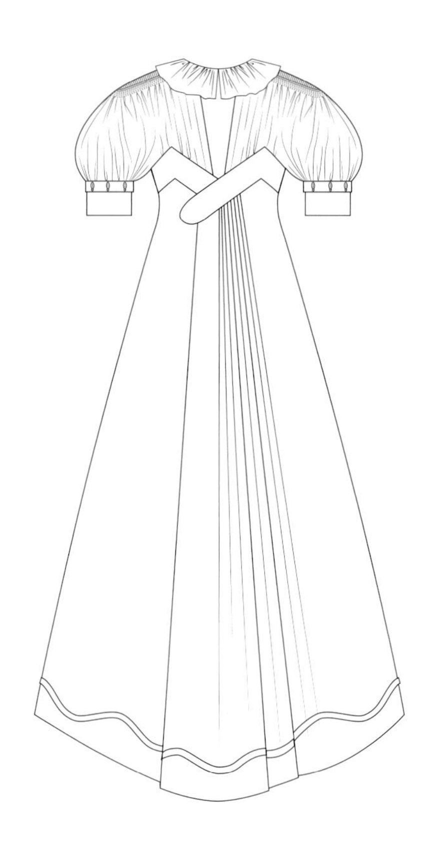

夏日连衣裙

真丝、真丝网纱、机织蕾丝和天鹅绒
英国，约1909年
凯特·雷利（Kate Reily）
标签信息：Kate Reily，伦敦多佛街
曾被希瑟·菲尔班克（Heather Firbank）小姐所穿
T.44-1960

这件宽松连衣裙的袖子上有很多繁杂的细褶，领口的荷叶边装饰和裙身复杂的层次结构都明显是爱德华时期的典型服饰特征，是受到了18世纪后期非正式的简单腰带式连衣裙设计的影响，而上移的腰线则显露出著名设计师保罗·波烈所倡导的新帝国路线的早期迹象。高领口和肘部长度的袖子表明它是为下午的社交活动所设计的，而不是晚礼服。一条乌黑的天鹅绒制成的腰部饰带勾勒出腰线，并盖住了上衣和裙子之间的接缝。

裙身和拖尾上都饰有不对称式长叠褶，与肩部和袖子上的细褶形成鲜明的对比。斜裁真丝裙子的前中缝被掩藏在向左侧折叠的长褶之下，裙子后面是有如折扇一样的较深的叠褶，向一侧展开。

连衣裙上身点缀了一排类似梧桐种子样式的纺锤形纽扣装饰，这些扣饰用珠子、真丝线和金色线绳制成，上身的前中和后中裁片都用机织蕾丝制成，还有更多大小不同的梧桐样式的扣饰在裙身前片上向下排开至下摆。连衣裙内是一件真丝制成的基础束身衣，缝有七根骨用以提供隐形的支撑。凯特·雷利（又名哈丽特·格里菲思，1846—1908年）深谙皇室和美国富人的习俗，以能够提供精致的洗漱用品和便宜的服装而闻名，同时“表现出同样的细心和卓越的品位”。

西装夹克

照相用印刷纸张
英国，1995年
侯赛因·卡拉扬（Hussein Chalayan）
标签信息：Hussein Chalayan
由设计师赠出
T.679:1-1995

这件西装夹克是用一种高密度的合成材料聚乙烯纤维制成的，包括定制夹克上的传统组成部分：衣领、口袋翻盖和包布扣也是用这种材料做的。尽管面料不同寻常，但这件衣服是机器缝制的。衣服是由伦敦时装设计师侯赛因·卡拉扬设计的，他出生在塞浦路斯，但在英国接受教育。

卡拉扬于1993年毕业于中央圣马丁艺术学院，他那场引人注目的毕业秀将他带入大众的视野。他曾宣称“我对时尚不感兴趣”令他赢得了时尚挑衅者的声誉。[4] 这件西装夹克上印制着生动且详细的植物图片，表明了他对新技术和新材料的兴趣和实践。夹克上较宽的、精确的叠褶让人联想到18世纪男性外套的剪裁样式。

3 衣领、袖口和口袋

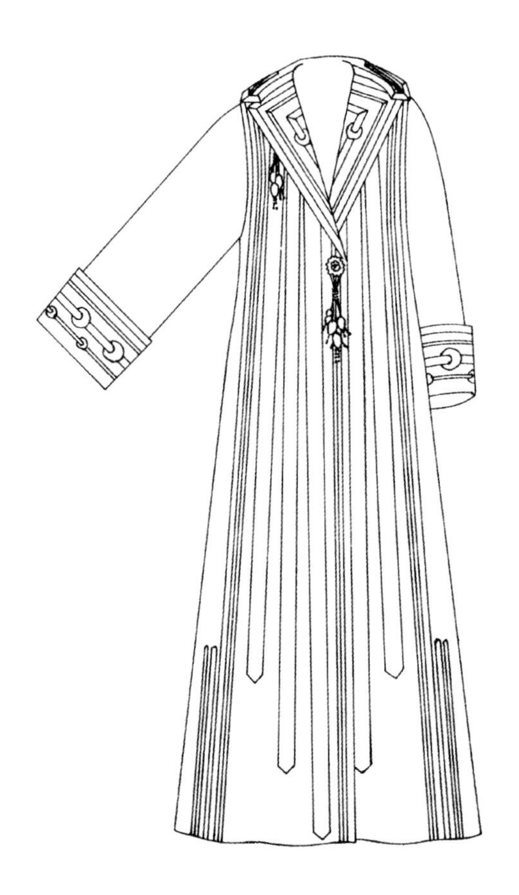

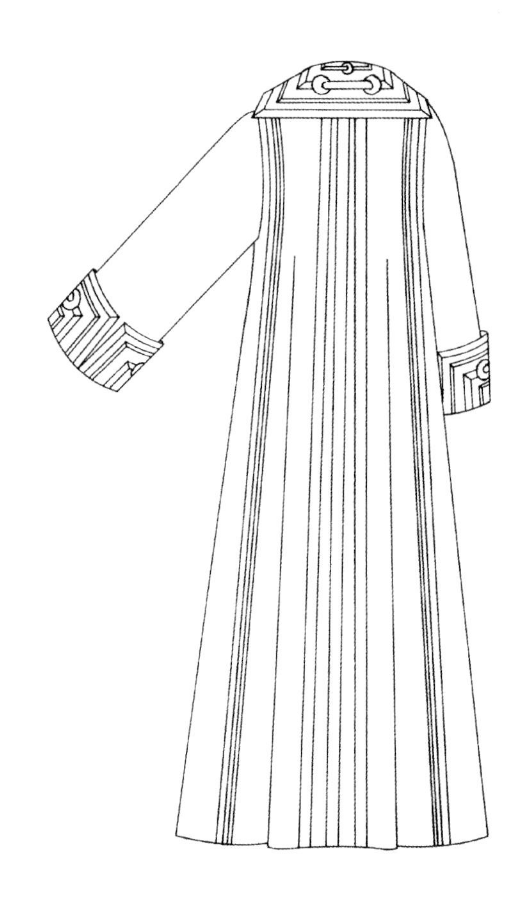

大衣

羊毛、天鹅绒和缎带
英国，1904—1907年
由M.C.艾略特小姐赠出
T.25-1958

这件宽松的大衣可以追溯到20世纪初，宽大的衣领和翻边袖口装饰着醒目的几何图案。在明亮的红色、白色和黑色的组合中，大量应用拼贴毛纺带和黑色天鹅绒制成的穿入环圈的装饰带样式的图案，巧妙地实现了强大的三维效果。图案一直延续至后面直裁的大凹口翻领上，用一条金色底黑条纹织带完成收边。

羊毛大衣用结实的钩扣和扣环（风纪扣）固定，开襟领也可以被翻起来扣合以保护胸部。在前身上装饰有黑色丝线编织的大且华丽的流苏，衣身上用来装饰遮掩大衣接缝的黑色真丝缎面贴条是用压线绗缝工艺将其缝合在大衣上的。

从它宽大的剪裁和流畅的形状来看，这件外套就像汽车防尘衣，但在这里，对于更正式的城市服装来说，它的装饰非常华丽。抽象的设计带来的活力如同现代摩登的吸引力。在1904年1月的*Our Home*杂志中有关于一件类似外套的描述，强调这些不相宜的多功能性服装：“无论是白天穿还是晚上穿，这种外套都非常有用，因为它可以适应多种用途，即使是在剧院或晚上穿的时候，它可以作为一件舒适的外套，也可以作为去拜访朋友时的服装。”

晚装外套

车缝真丝缎
法国，1936—1937年冬
珍妮·浪凡
曾被约翰·吉尼斯夫人所穿并赠出
T.223-1976

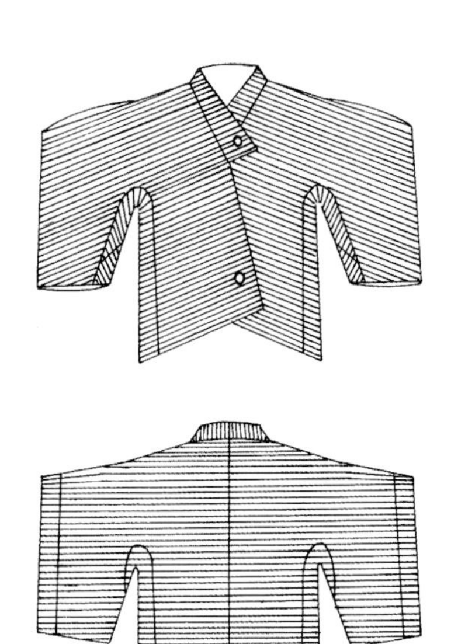

这件剪裁精巧的高领缎面晚装外套出自浪凡的设计，外套上用一个球形的脊状黄铜纽扣与做工整齐的镶边扣眼（双牙扣眼）将衣领平顺地交叉扣合在一起。从两侧肩线至前片底部边缘有依次排开的倾斜车缝压线，使衣领与外套前片巧妙地合二为一，但细看之下，衣领是接缝于前片的单独裁片。

这款外套的灵感来自传统日本服装的平面设计效果，它的东亚风格在和服袖子上得到了加强，袖子与上衣的前片合在一起被裁成一片式，肩部的接缝敞开着，露出了上臂，极具诱惑力。从袖口到下摆的两侧均嵌有用来塑形的拼接裁片，可以让手臂更自由地活动。外套前片是不对称式设计，在三角形前襟上方用第二粒黄铜纽扣扣合在腰部位置。

平行排列的细针脚车缝压线覆盖了整件外套，强调其线性剪裁工艺。前面精确的斜线和后面突出的水平线完美地覆盖了柠檬色的缎子。浪凡对面料的创造性处理，打造出这款适合寒冷夜晚穿着的时尚外套。这件外套原本是晚宴套装的一部分，但不幸的是，其余的套件没有保存下来。纽扣的脊饰明显是经过精心挑选的，以呼应服装的车缝线条，体现出细致的细节处理。

日装连衣裙

绉质儿童领、平绒蝴蝶结、装饰带
英国，1938年
在斯特拉特福德的Board man's购得
M.布尔赫斯夫人穿过并赠出
T.239-1973

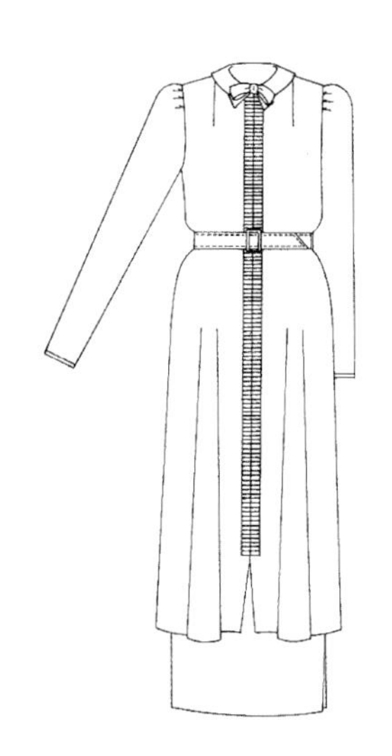

这件日装连衣裙上华丽的银白色小山羊皮领在海军蓝皱布的映衬下显得格外醒目。彼得·潘衣领的正面和背面领头都是尖角状，在领子的边缘处有并列排开的四行车缝线，而一个宽边叠褶的平绒织带则从领口开始贯穿了连衣裙的前中线。这条剪裁精致的束腰连衣裙的上身部分设计得较简洁且贴合身型，从后中领围开始缝制有布包扣和扣袢，以扣合上身部分。衔接肩部的是蓬松的袖笼，袖子长至手腕处用一个较长的省道将袖口收窄，并用按扣将袖口扣紧。

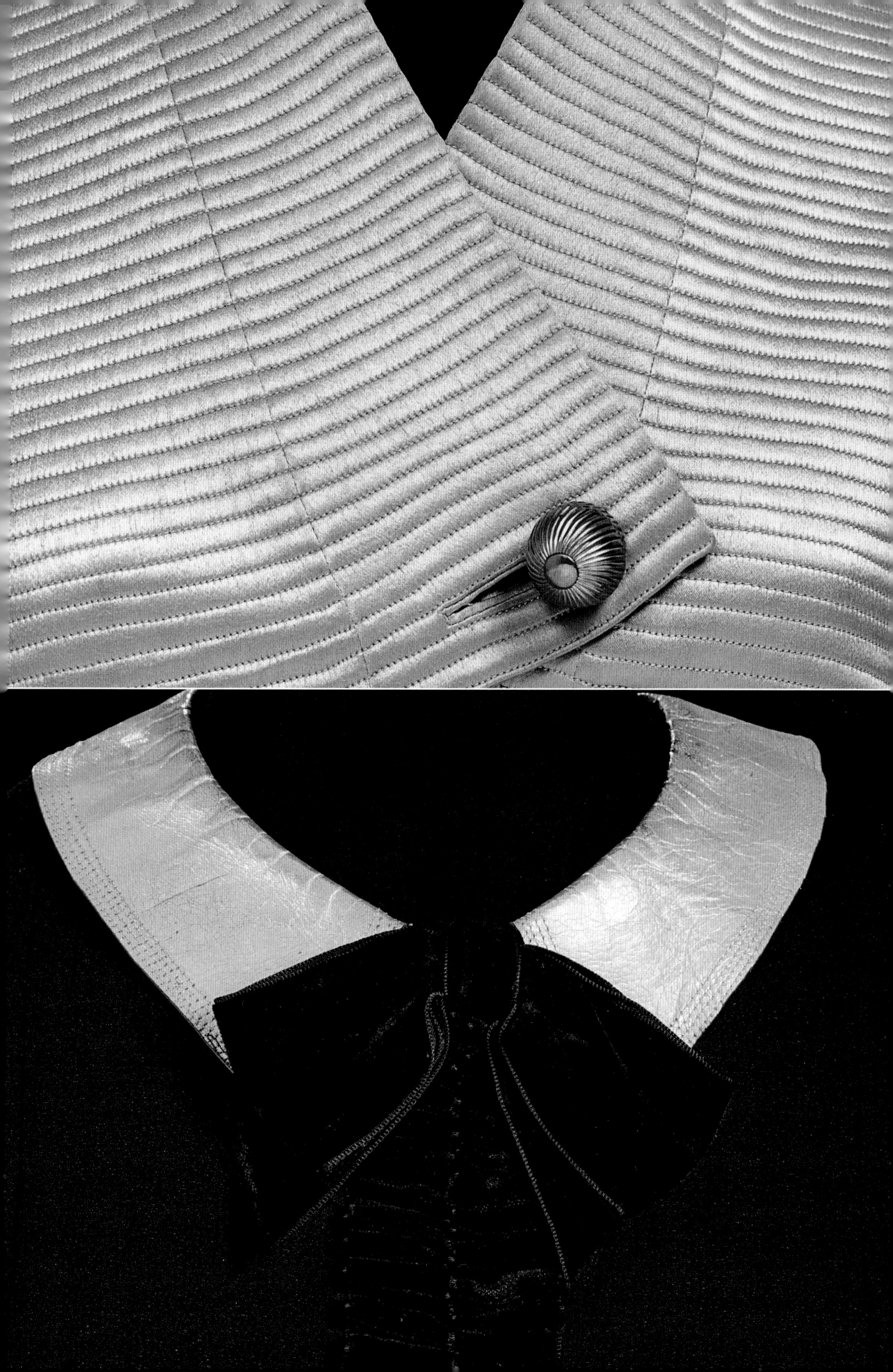

束带晚礼服

羊毛、天鹅绒和蕾丝
法国，1947年
雅克·法斯（Jacques Fath）
由P.奥特维-史密瑟斯夫人赠出
T.39&A-1964

这条礼服裙的衣领和袖口用黑色天鹅绒制成，上面覆盖着“gros point de Venise”的蕾丝。Point de Venice是一种针绣蕾丝，起源于17世纪的威尼斯，以其丰富、起伏的花卉图案而闻名，通常是浮雕式的图案。领部的黑色天鹅绒底面创造了一种色彩对比，显示了花边的最佳优势，并与裙身上的腰带和天鹅绒装饰贴边相呼应。

为了避免这件礼服的蕾丝领子被破坏，其制作结构略复杂；蕾丝领子一边接缝于领围上，另一边嵌有六粒按扣，因此在拉礼服上身的后中拉链时便于领子的翻起。这条礼服裙有配套的蕾丝袖口，用拉链将袖子收紧，把装饰有蕾丝的袖口紧紧贴合在手腕处。用来制作礼服裙的主要面料是具备功能性且外观靓丽的羊毛格子搭配绣制精美、纹理丰富的蕾丝构成了一个令人称奇的绝妙组合。雅克·法斯对格子呢面料的喜爱是出了名的。在这里，他巧妙地使用了一种更适合日装穿着的面料，剪裁制作出一件不寻常但实用的冬季晚礼服。

上衣

羊毛毡、麂皮衣领、羊毛绒球
英国，1971年
巴勃罗和迪利亚（Pablo & Delia）
标签信息：锯齿皮革，Pablo & Delia
T.304-1985

这款柔软、宽大的彼得·潘式圆形领子用天然麂皮制成，边缘呈锯齿状，在其领面上运用车缝工艺装饰着五颜六色的皮革条纵横交错的图案。在两片式衣领的中间装饰有两种棕色的大羊毛绒球，并在绒球之间嵌有颜色鲜艳的圆木片。巴勃罗和迪利亚采用简单的制衣技术、未经修饰的车缝工艺，以及天然质地面料的组合应用，创造了20世纪70年代早期典型的亮丽且标新立异的服饰风格。

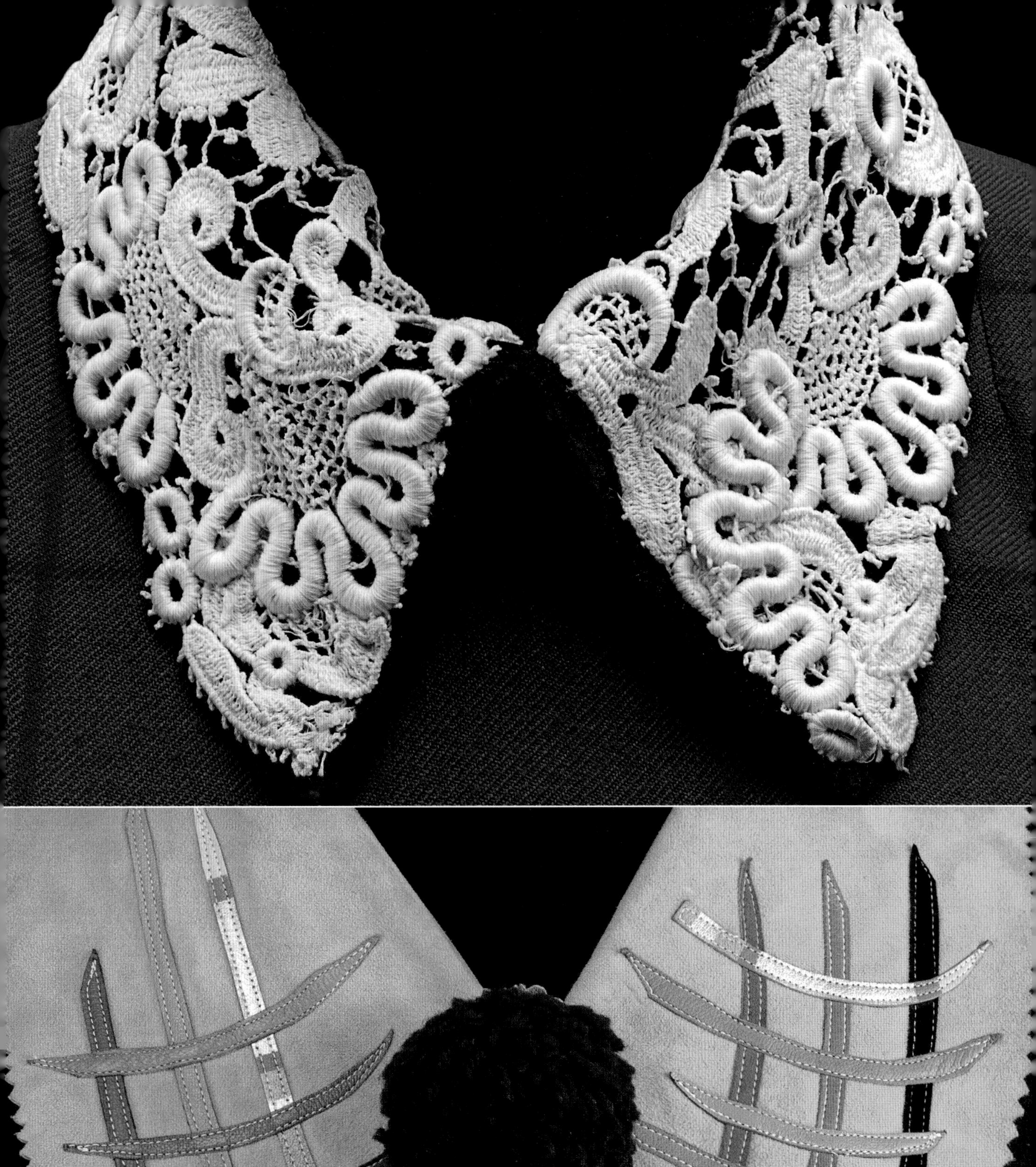

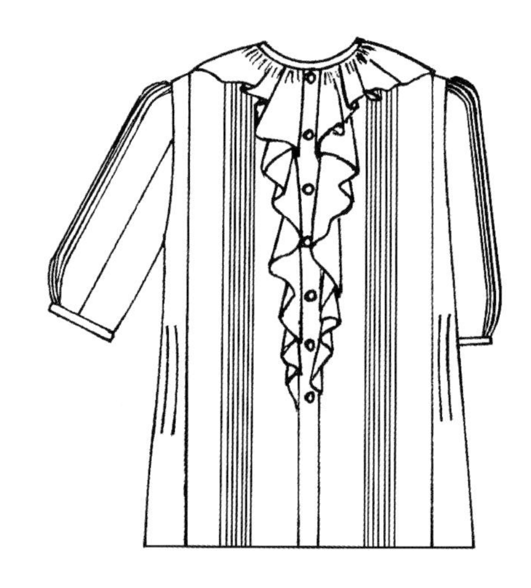

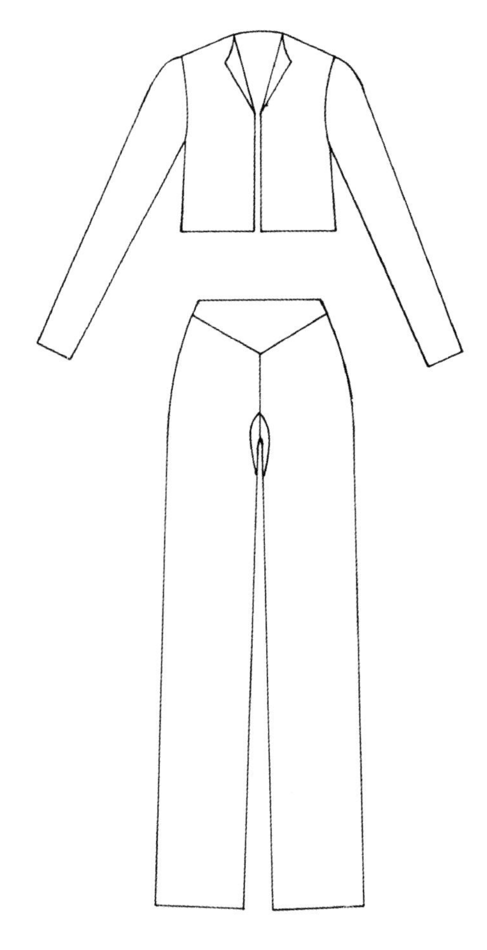

套装

真丝雪纺、亮片长裤和外套；嵌有仿珍珠扣的蕾丝衬衫
法国，1937—1938年
香奈儿
曾被戴安娜·弗里兰（Diana Vreeland）夫人所穿并赠出
T.88&A-1974

这件出自香奈儿的奶油色雪纺衬衫，它的领子和胸前柔软垂坠的花边领饰用细织宽蕾丝边制成。衬衫的衣身上还装饰有优雅华丽的荷叶边和细长的塔克褶。衬衫是短袖款，纯手工缝制，用闪亮的圆形珍珠纽扣扣合，在衬衫的前后两侧还缝有纵向的蕾丝裁片，与一排排细长的塔克褶交替拼接在一起。

嘉柏丽尔·香奈儿以她的套装和时髦的日装设计而闻名，也许不太为人所知的是她迷人的晚装。这件衬衫是一套复杂且巧妙，同时又非常引人注目的套装中的一件，其中还包括一件简单、剪裁考究的短款波雷诺（Bolero）外套和宽松笔直的高腰裤，外套和长裤上都布满了垂直排列的层叠亮片，增强了这套服装的灵动性和修长的线条。衬衫上精致的蕾丝和真丝雪纺制成的褶饰花边与外套上闪亮坚硬的亮片形成鲜明对比，柔和的奶油色与黑色也构成了强烈的色彩反差。这套晚装的最初造型还搭配有一条黑色缎带绕在脖颈上，在缎带中还卷起一朵红色的玫瑰。

透过香奈儿的这身衣裤套装可以预见到20世纪60年代和70年代的时尚趋势将再次走向中性化。然而，这一套晚装的阳刚线条被奢华、感性的蕾丝和亮片纹理所调和。香奈儿说：“要具备认真严谨的做事态度才会实现轻狂洒脱的风格。”

夏日连衣裙

印花棉布、刺绣细棉衣领
英国，1912年
标签信息：Mascotte，89号公园街，公园巷
曾被希瑟·菲尔班克小姐所穿
T.24-1960

这条淡紫色和白色相间的棉制“水洗”夏日连衣裙* 有着精致的白线刺绣衣领和蝴蝶结装饰。小巧的白色圆领用细织精纺棉制成，上面饰有机绣白色花卉图案。在连衣裙的领口处装饰一个裁制精巧的蝴蝶结式样的小领结，在领结末端用细线袢悬垂着条纹棉布制成的小球。连衣裙前身上缝有仅作为装饰性的纽扣，这些纵向排列于整件裙长的纽扣是用同款条纹棉制成的包布扣。这条裙子上竖条纹棉制成的马扎尔袖，深深地插入接缝于淡紫色的上衣身，翻转的袖口用包布扣固定。波浪形的裙子是由两片前裁片、两片后裁片和一片后中裁片缝合而成的，裙子的内衬是用淡紫色的细织真丝制成的。

这件连衣裙是希瑟·菲尔班克小姐严谨保守穿衣风格的极致体现，她喜欢穿着“雅致的混合色服装来衬托自己的名字”。[1] 简洁的白色领子衬托出清新、年轻的风格，让人想起第一次世界大战之前神话般的美好岁月里悠闲的夏日野餐和划船聚会。

外套和裙子

羊毛和马海毛，还有黑色丝线编织装饰带
英国，1948年
由W.福斯特夫人赠出
T.14 & A-1960

这是一套出自1948年的时尚“新风貌（New Look）”样式的大红色套装，外套设计有宽大的披肩领，其前领口边缘呈现不同寻常的深凹状曲线。领子上缝有两排格外醒目的黑色丝线编织成的饰带镶边，使领部线条更加明晰，并顺着外套的前中边缘一直延续至下摆。衣领与外套的前中裁片是连在一起的一片式剪裁，柔软翻开的领子几乎伸展至两侧的肩部。

这身时髦且曲线优美的套装由修身、无里衬的齐臀外套和柔美的宽摆裙组成。外套的前后裁片都是贴合形体的剪裁，裁片的下半部在低腰处开始向外展开，在臀围处形成柔美交叠的褶皱，下摆处的两排饰带镶边与领部装饰细节相呼应。外套的袖子较长并配有垫肩，用圆形的黑色编织纽扣和锁缝扣眼扣合。长度至小腿中部的多片式拼接半裙，在其后部设计有柔美的叠褶加宽了裙摆的活动量，令摆动更加生动。

嵌有黑色马海毛小斑点的鲜亮草莓红羊毛面料和深黑色的编织饰带相结合，营造出一种类似军装的效果。显然，这身套装具有很明显的新风貌特征，像是柔美的宽摆尾半裙和外套腰身的紧致设计。不寻常的是，这套服装的原主人是为她在婚礼上穿着而准备的，是在利物浦的一家名叫Bon Marché 的店里花22英镑买下的。

* 译者注：wash dress，在20世纪前十年指的是一种在夏季穿着的连衣裙。

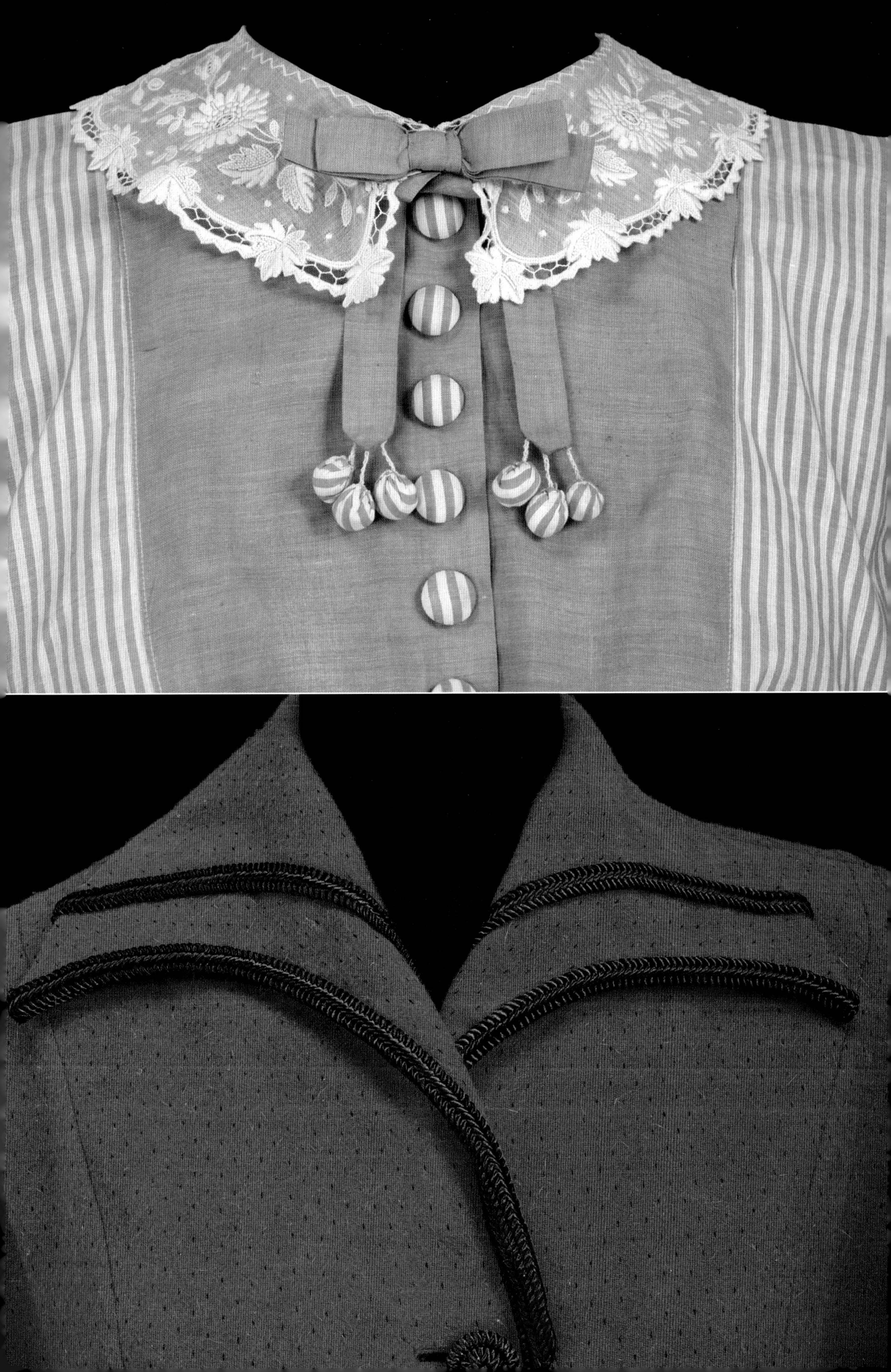

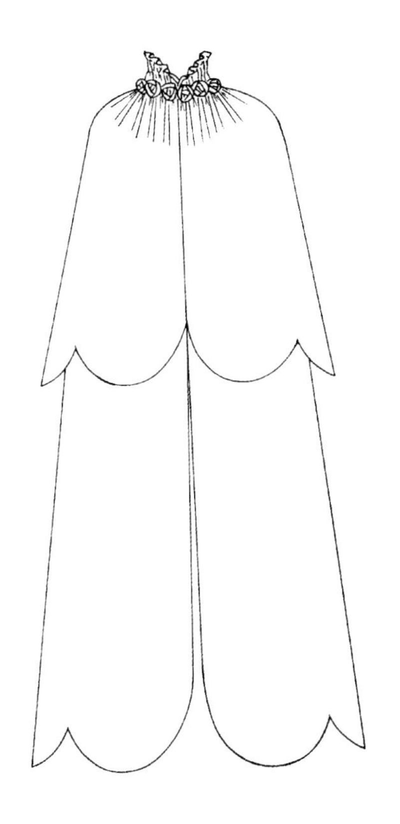

晚礼斗篷

真丝天鹅绒、丝缎玫瑰
英国，约1915年
可能是露西尔（达夫·戈登夫人）
由韦恩·兰伯特（Vern Lambert）先生赠出
T.298-1974

这件立领真丝天鹅绒晚礼服斗篷的设计者可能是露西尔[达夫·戈登夫人（Lady Duff Gordon）]，其立领上缝有三排抽褶线，利用这些抽褶线将面料抽合聚集成柔软的褶皱围绕在脖颈上。立领的外轮廓线是从领后最高处平缓向下延顺弯曲至前领口的曲线，并在领口处用一对钩扣和扣环（风纪扣）固定；立领底部装饰着丰满的粉红色丝缎制成的玫瑰花蕾，后面有三个大花蕾，前面有六个小花蕾。淡玫瑰红色天鹅绒面料上有大胆的玫瑰和花茎主题图案的镂空式设计，突出了这件奢华服装的花卉主题。

这件长且宽松的斗篷是双层的，斗篷的外层上饰有优雅的褶皱，从肩部自然垂落延展至臀部的扇边形下摆。斗篷的内层用上下两块面料缝合制成，腰线以上是粉色缎面里衬面料，并抽褶缝合于领部，在腰部接缝天鹅绒面料，垂至地面的天鹅绒下摆被修剪成宽的扇边形。

达夫·戈登夫人在自传中记录了她对色彩柔和的柔顺面料的喜爱和带有浪漫主义倾向的描述："在一件混合着粉色和紫罗兰色的塔夫绸衬裙外面穿上一件柔顺的灰色雪纺纱裙，它看上去有点像一块猫眼石，给人一种虚幻的若隐若现的感觉。"[2] 就像60年后约翰·加利亚诺的结婚礼服一样（46–47页），在这件漂亮的女士斗篷的领座上装饰点缀着用丝缎面料制成的花朵。这样的设计细节处理会自然而然地将人们的注意力吸引到柔美且讨人喜欢的衣领上，可以较好地衬托出穿着者的美好面部。

连衣裙

醋酸纤维和尼龙
法国，1975年
伊夫·圣·洛朗
标签信息：Saint Laurent，左岸系列（River Gauche）
T.294-1985

这款20世纪40年代的复古衬衫连衣裙的领子是层叠式设计，裙身上印有雏菊图案，不寻常的衣领设计是以该花为主题，在V领口两侧各有三片花瓣式领片。缝合在领口的领袢自然垂落在前衣襟处。

这条裙子是1966年伊夫·圣·洛朗的左岸精品系列之一。左岸系列试图将设计师的高品质成衣系列以更低的价格推向更广泛的市场。在当时，他作为一个顶级设计师积极尝试去打破独断专享的高端市场终端被视为是一种革命性的举措。这些服装与伊夫·圣·洛朗的高级定制服装有着相似的裁制工艺和几乎完全相同的印花。不过，它们是用更便宜的面料制作的。

这件衣服是用人造纤维面料做的。雏菊印花与瑞士纺织品设计公司Abrahams为当年伊夫·圣·洛朗高级定制服装设计的真丝面料印花图案非常相似。1971年6月，法国*Elle*杂志发表了一篇对比报道，其中一张照片是伊夫·圣·洛朗站在模特们身边，她们身穿的设计款式几乎完全相同但却是出自该品牌不同的产品线。一件是出自成衣线，价格为650法郎；而另一件则是高级定级款，价格为5500法郎。[3]

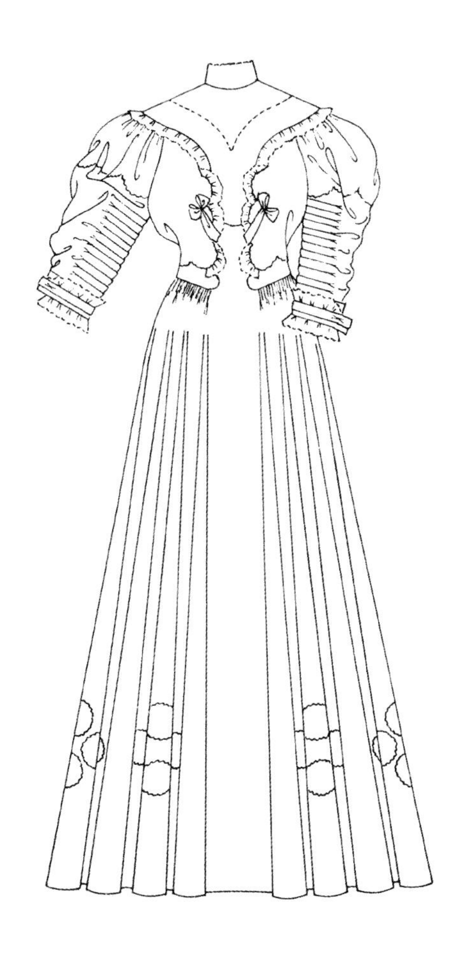

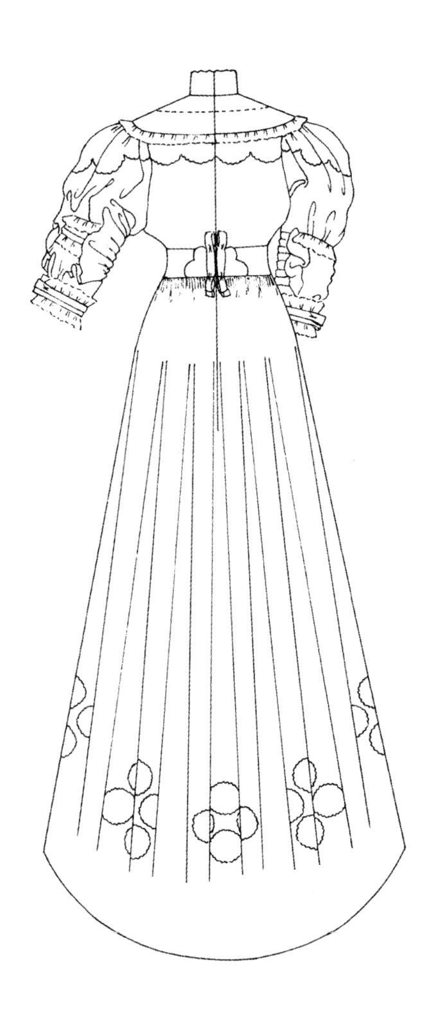

日间礼服

毛纺布、天鹅绒和花边
英国或法国，1903—1905年
由霍耶·米勒夫人（Lady Hoyer Miller）赠出
CIRC. 175-1961年

这件礼服的袖子用乳白色的毛纺布制成，其造型丰满且细节奢华。袖子内侧从肘部至袖口缝有一排排精细的叠褶固定缝线，外侧未被缝合固定的部分则蓬松展开，形成了装饰性的蓬蓬袖效果。每个袖口周围都环绕着奶油色的天鹅绒缎带，这些缎带下还饰有抽褶缝合的精致柔美的蕾丝花边。袖子上部的四分之三处呈蓬起状像是"羊腿形"的袖子，袖笼抽褶缝合于过肩处。在礼服的上身和裙身下摆处装饰有细致剪切的镂空花型，并用奶油色精编细丝绳勾勒出花型的边缘。

礼服的上身设计有高的立领，前胸是V形的过肩式剪裁并装饰有钩编花边。前侧片抽褶缝合于过肩处和腰部，通过运用华丽的蕾丝和天鹅绒缎带装饰增强了整件礼服的时髦感。裙子由四片裁片缝制而成，其腰部被紧密抽褶缝合于宽的弧形裙腰裁片上；裙腰的前中部分是断开式剪裁，其后部缝合装饰着天鹅绒缎带。

在1903到1905年间，这种精致的日装礼服极有可能是为春天穿着而设计的，温暖的羊毛可以抵御寒冷的天气。

在这一时期，毛纺布是一种时髦的面料，这件工艺细节丰富的礼服裙，配以白色对白色的配色，形成了和谐的组合。

晚装

真丝家居装饰面料
英国，1970年
比尔·吉布
1970年10月22日崔姬（Twiggy）在《每日镜报》时尚名人晚宴上穿过后并赠出
T.222 to C-1974

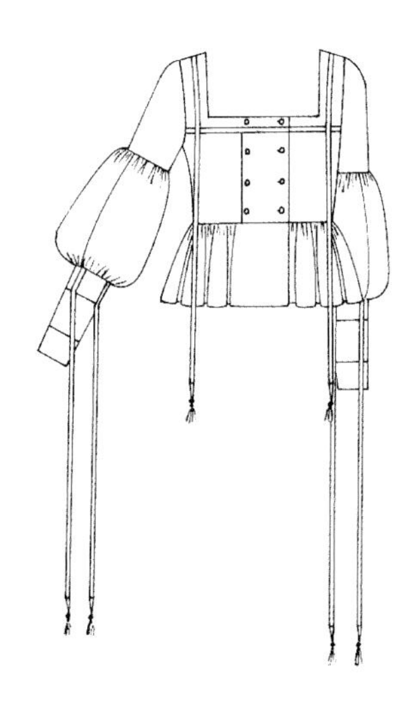

模特崔姬在1970年穿过的这件“文艺复兴”式晚装，由比尔·吉布设计，此款设计富有想象力和浪漫主义色彩，用真丝家居装饰面料制成，色调柔和，有粉色和蓝色。袖口由三片面料拼接缝合制成，袖口紧贴手腕和前臂，上面排列缝有七粒粉色包布扣通过线锁扣眼扣合，使袖口的长度更加突出。上衣的前中与后中裁片采用光滑的棉料制成，上面印制有装饰性的人物肖像画，是根据汉斯·荷尔拜因的画作（约1520年）为原型创作的，描绘了巴塞尔一位富裕市民的妻子所穿的厚重而精致的服装。

风衣

柞蚕丝、真丝缎和网纱
英国或法国，1905—1908年
怀特（B. White）夫人穿过并赠出
T.333-1987

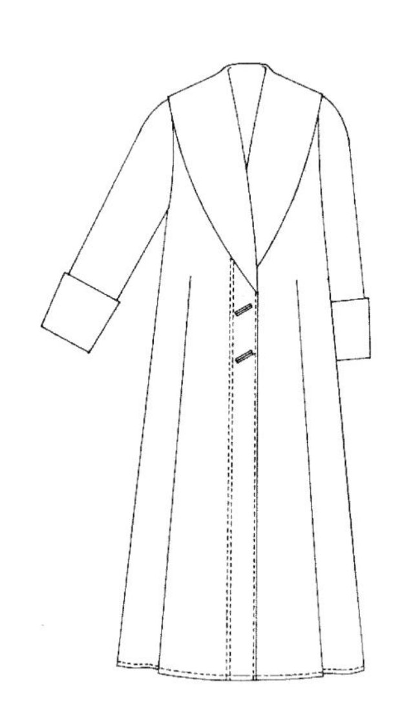

这件1905—1908年的真丝风衣式的外套与其独特硬挺的黑色真丝缎袖口形成了一种戏剧化的对比效果。这件宽松版型的长外套用未染色的柞蚕丝制成，为较深的翻袖口和与之相配的宽大披肩领提供了微妙的背景。外套上嵌缝有突出的装饰花边绳，以及蜿蜒盘曲的奶油色真丝嵌条和编织绳。

20世纪初，当开着敞篷汽车在土路上旅行变得越来越普遍时，风衣成了流行服装。

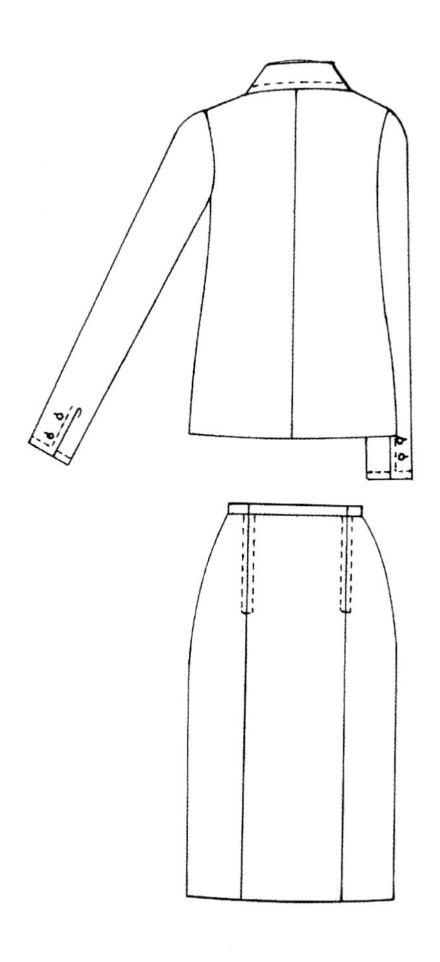

西服套装

同色毛织格纹
法国，1960年
香奈儿
标签信息：Chanel 11676
曾为斯塔夫罗斯·尼阿克斯夫人所穿，由斯塔夫罗斯·尼阿克斯先生赠出
T.89 & A-1974

这套经典的鲜红色毛织格纹定制套装的领子、袖口和口袋都制作收尾得整整齐齐，体现出香奈儿对细节把控的一贯作风。在这件半紧身单排扣西服外套上缝有小方格形的口袋，其位置刚好在胸围下部和臀围处。在每个口袋边缘都有两排整齐的压缝线。外套上的纽扣是特制的，是扣面上刻有叶子装饰图案的镀金扣，还饰有一圈鲜红色羊毛线编织成的镶边。在笔直的两片式西装圆袖的袖口开合处缝有两粒镀金扣固定袖头。这些纽扣在纹理凸凹不平的同色织格纹面料上显得格外醒目，这种面料是用带有光泽和暗淡的两种羊毛织成的。西服外套和裙子都是用克重较轻的鲜红色真丝面料做里衬。沿着后片内侧下摆放置一条沉重的镀金链条用以增加外套下摆的垂坠重量，这是香奈儿独特的标志之一。

嘉柏丽尔·香奈儿倡导的设计理念是：衣服应该是优雅、舒适和容易穿着的。它们是为现代女性而设计的，她们希望自己显得绝对现代。香奈儿清新而不妥协的外表，加上多年来完美的制衣技巧，即使她脱离时尚界有15年之久，其间也从未被大众遗忘，于1954年再次出色地复出。香奈儿套装现在被公认为是国际设计的经典，脱下后，它们看起来有些严肃和不起眼，但当它们穿在身上时，它们的线条就变得柔和，非常讨人喜欢，极为别致。香奈儿非常了解女性的身体，她的服装也充分展现出了她在诠释完美比例方面的设计天赋。

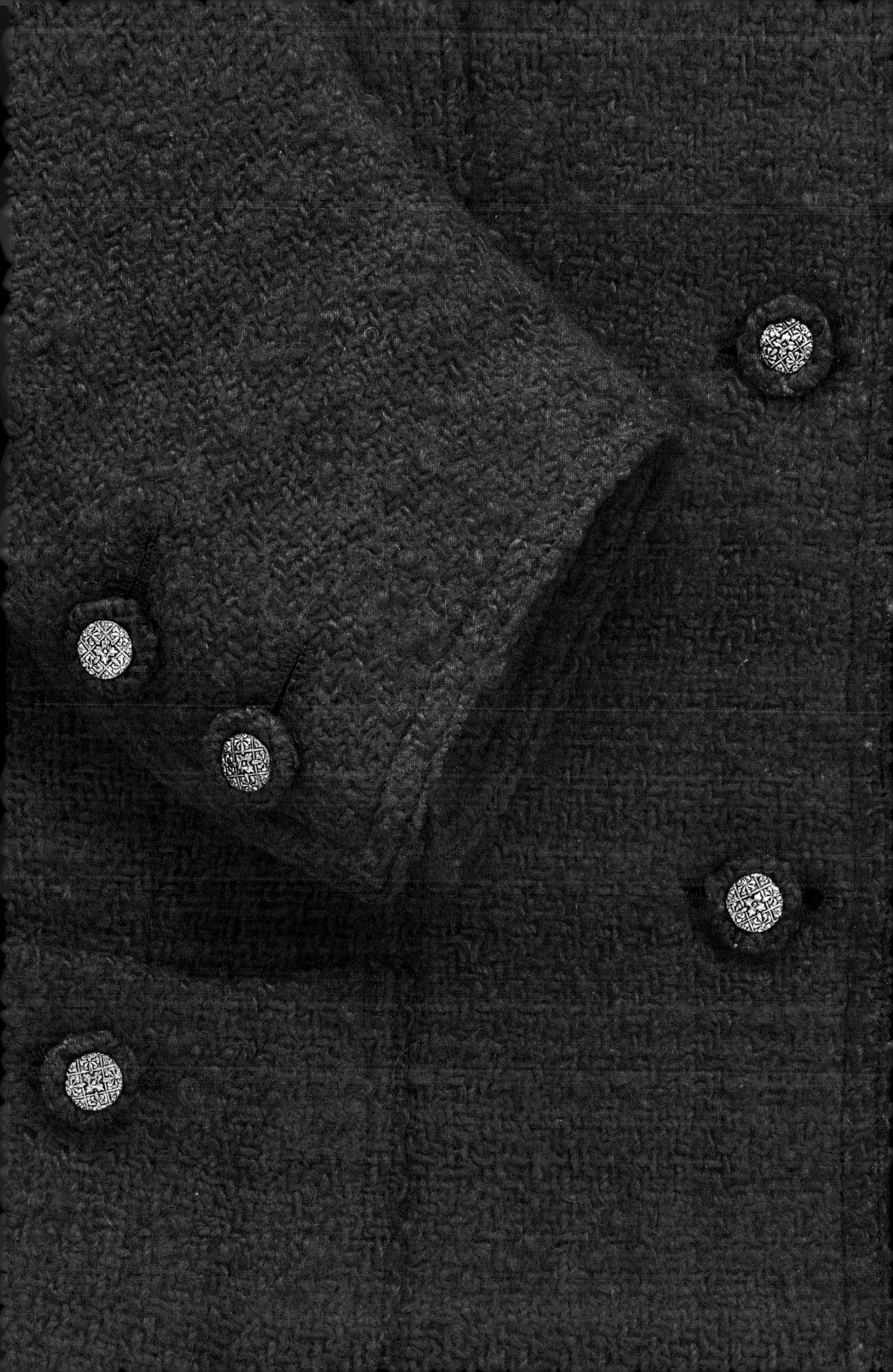

夹克

机织粗纺毛料和牛仔布
英国，1986年夏
文化冲击（古贺羽生、珍妮·麦克阿瑟和立野浩二）
标签信息：Culture Shock
T.149-1986

这款有四个倾斜的贴边口袋的夹克因其“定制”主题而显得与众不同。在夹克前身上有手工缝制的大针脚白色线迹，前门襟是用一根狭窄的黑白“卷尺”来装饰修整的。

这件衣服是1986年英国《闪击战》（*Blitz*）杂志委托李维斯（Levis）为王子信托公司定制的21件李维斯牛仔夹克之一。著名的Levi Straus牛仔装细节被重新设计——如牛仔布制成的衬衫式衣领和背部的V形裁片，而夹克背面的平缝工艺则模仿了李维斯的传统制衣结构。

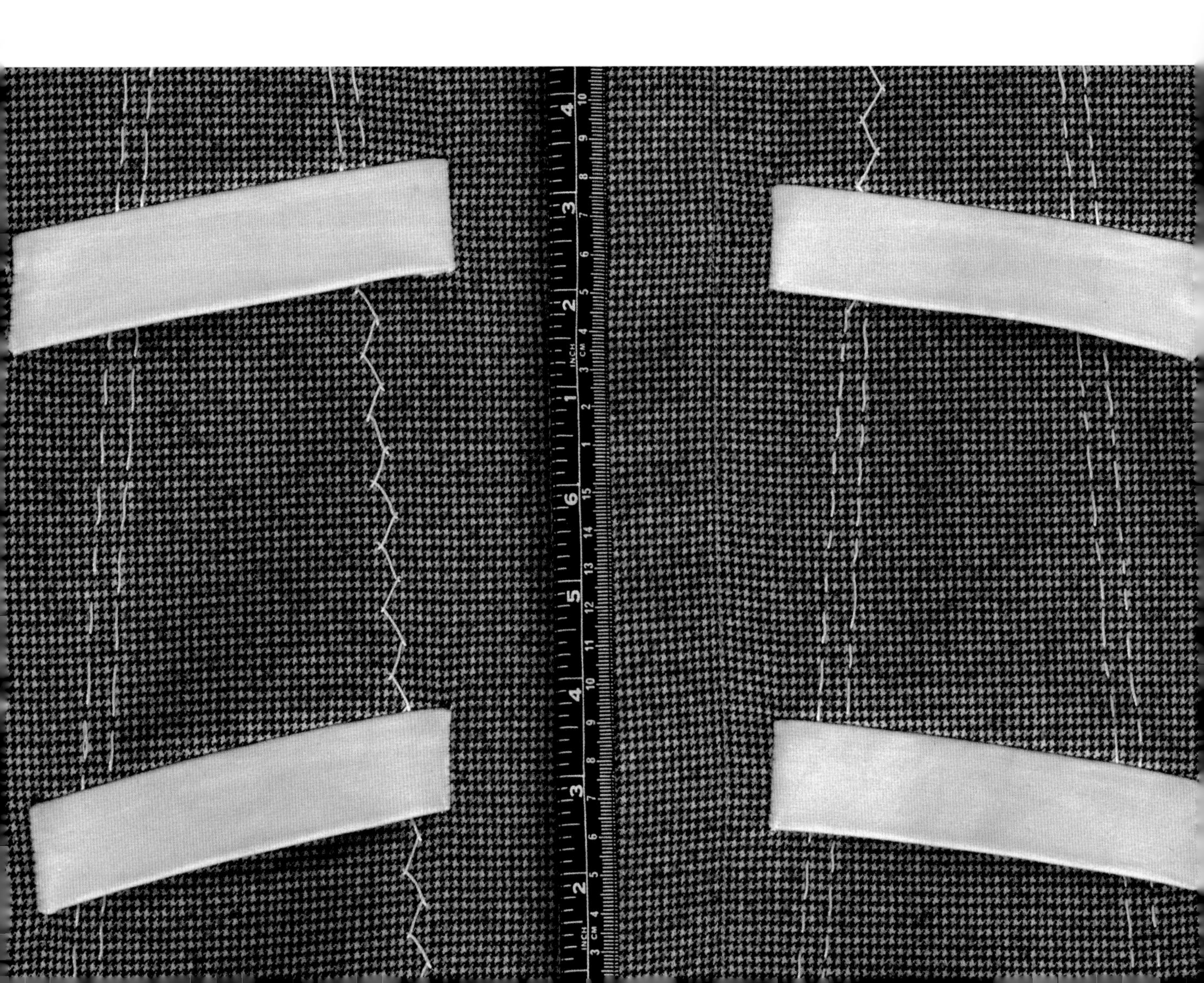

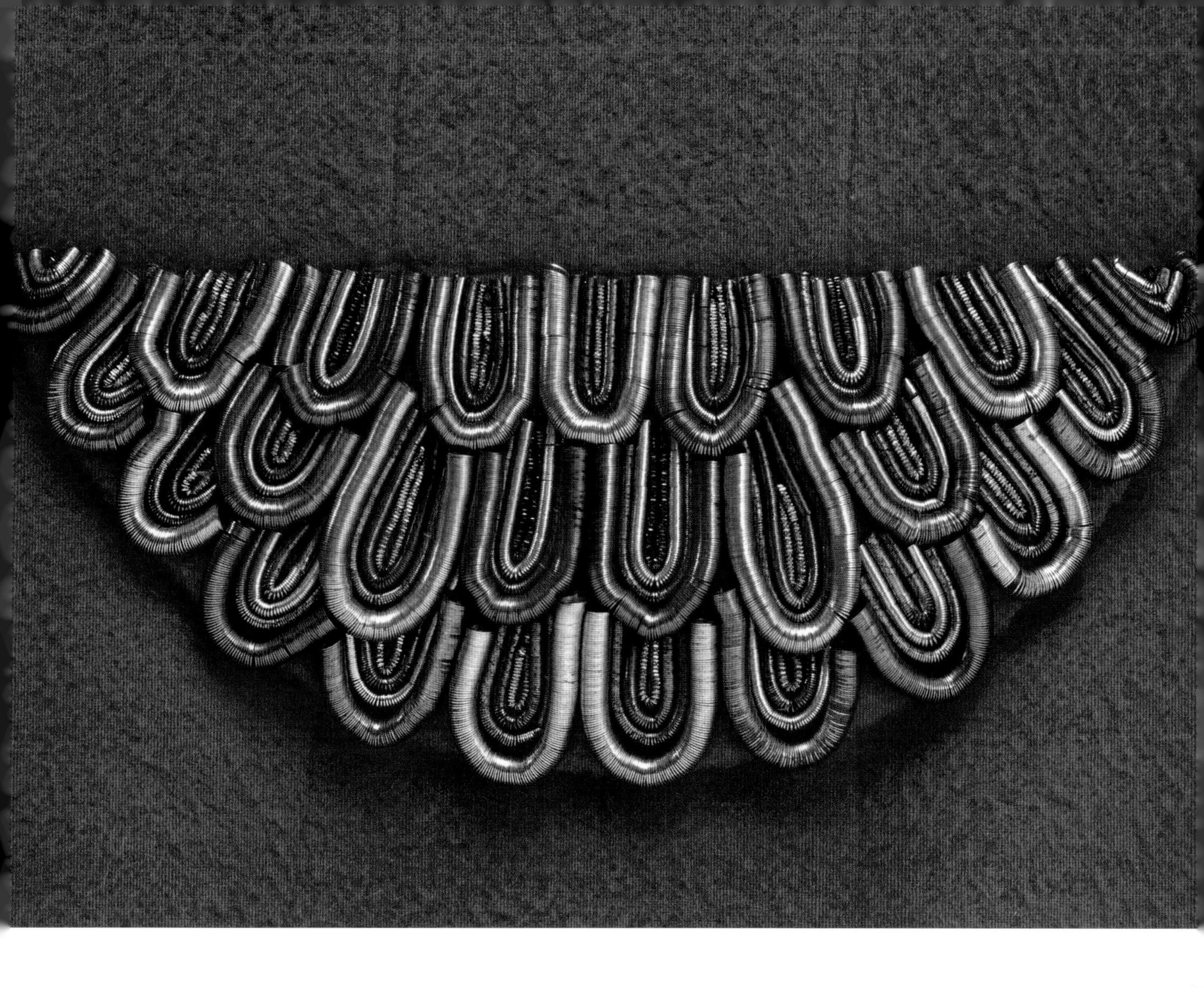

在这款Schiaparelli晚礼服外套的兜盖和衣领上，装饰有层叠的紧密盘绕的金属弹簧丝。

这件夹克的设计在当时曾让人惊叹不已，但现在看起来却充满了女性的气息，显得和谐而沉稳。在这件外套的设计中，夏帕瑞丽并没有尝试创造新的剪裁工艺和制衣结构，它的外形保留了20世纪30年代的经典轮廓。夏帕瑞丽是一位伟大的装饰艺术家和创新者，她总是能在奇异和抒情之间变换自如。

晚装外套

毛料
英国，约1936—1938年
艾尔莎·夏帕瑞丽
标签信息：Schiaparelli，伦敦
格伦康纳（Glenconner）女士穿过并赠出
T.63-1967

“砖红色（Brique）”连衣裙

精纺羊毛和编织装饰
法国，1924年
保罗·波烈
标签信息：Paul Poiret
T.339-1974

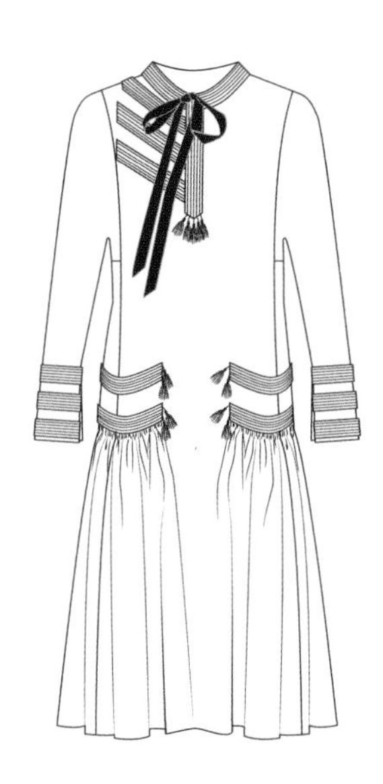

这件长袖、裙长至小腿肚的连衣裙，根据其颜色被命名为“砖红色”，是用平纹精纺毛料制成的。连衣裙是由正面和背面裁片组成的近乎二维式剪裁，蝙蝠式袖子接缝于上半身从肩至下较低的位置。设计师保罗·波烈经常尝试设计简单的T型服装，对其进行处理和调整，以创造出非常现代的廓形。

虽然这件连衣裙的剪裁是直的，但裙子的丰满效果是通过靠近臀围下方，附在裙身前侧上的两片裁片巧妙地实现的。这两片裁片的上边缘被抽褶固定在前身上形成两个浅口衣袋，下边缘自然垂落至裙摆。黑白相间的编织饰带和流苏突出了口袋周围的装饰效果，饰带装饰在连衣裙的右肩部构成不对称图案，在袖口处也装饰有编织的饰带以突出手腕部位的设计细节。连衣裙的领口处装饰的一条黑色罗纹织带系成的领结成为此款设计的点睛之笔。

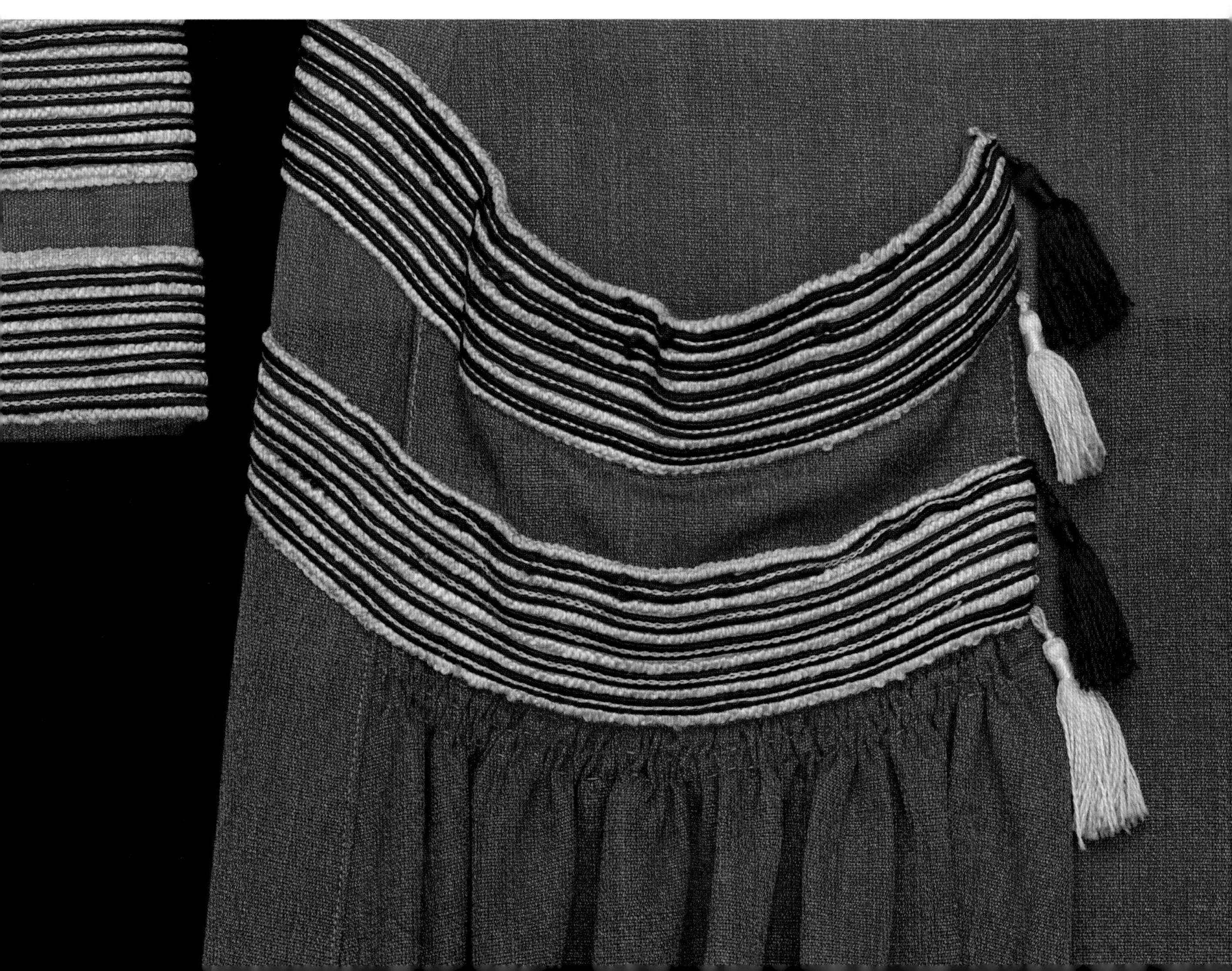

这件用炭灰色羊毛与马海毛混纺面料制成的定制外套上的兜盖设计非常精致，仅是起到装饰效果，兜盖下面并没有口袋。大的兜盖被缝制在高腰线上，兜盖的边缘装饰有漂亮的包边，这些包边是用印有黑色与浅灰色细条纹相间的天鹅绒面料制成的。每个口袋上都缝制有两对设计风格大胆的扣袢固定衣扣：用天鹅绒面料制成具有装饰性的扣袢与大的天鹅绒包扣扣合。

日装

羊毛与马海毛混纺、印花天鹅绒
英国，1913—1914年
露西尔（达夫·戈登夫人）
标签信息：汉诺威广场23号，露西尔有限公司
曾被希瑟·菲尔班克小姐所穿并赠出
T.36&A-1960

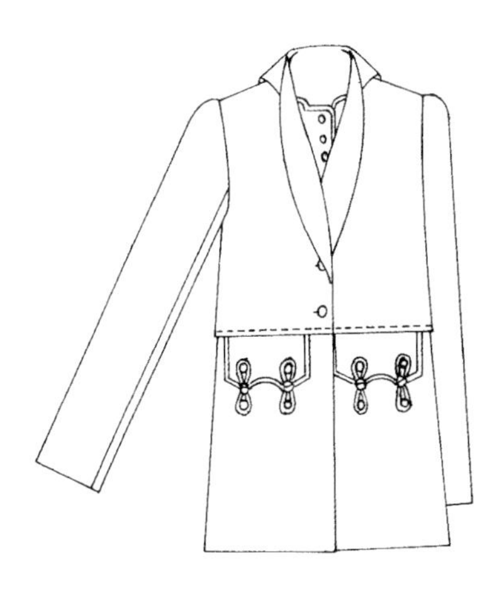

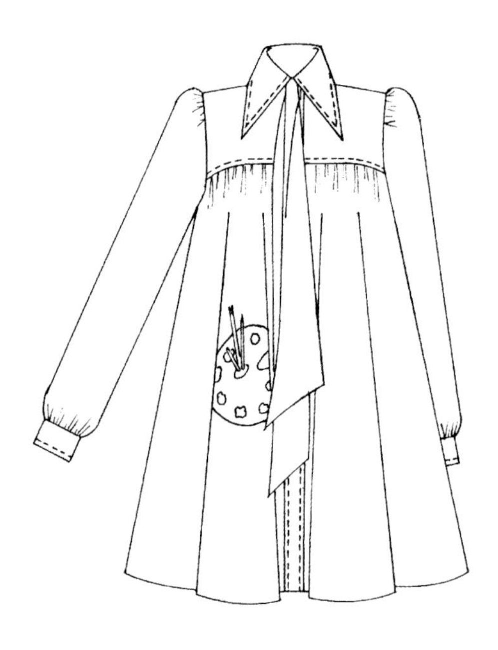

女士罩衫

棉布印花、缎面贴缝口袋、丝缎领带
英国，1971年夏
Mr Freedom
标签信息：Mr Freedom呈现了设计师帕梅拉·莫敦（Pamla Motown）别致的现代式风格设计是无可替代的
服装的标签上印有女孩的卡通形象和泡状对话框，对话框里写着“在你买之前要看清这个标签”
由Mr Freedom赠出
T.215-1974

这件色彩鲜艳的艺术家工作服款式的罩衫由Mr Freedom出品，上面的口袋是用白色丝缎制成的图案，代表了艺术家的调色板。这件罩衫是长袖的设计，在前中采用小的粉色塑料衬衫扣扣合，一条“随性”的黑色丝缎制的领带系结在领口。

Mr Freedom品牌由时尚企业家汤米·罗伯茨（Tommy Roberts）创立，于1969年9月在伦敦切尔西的国王路上开设了自己的第一家服装店。

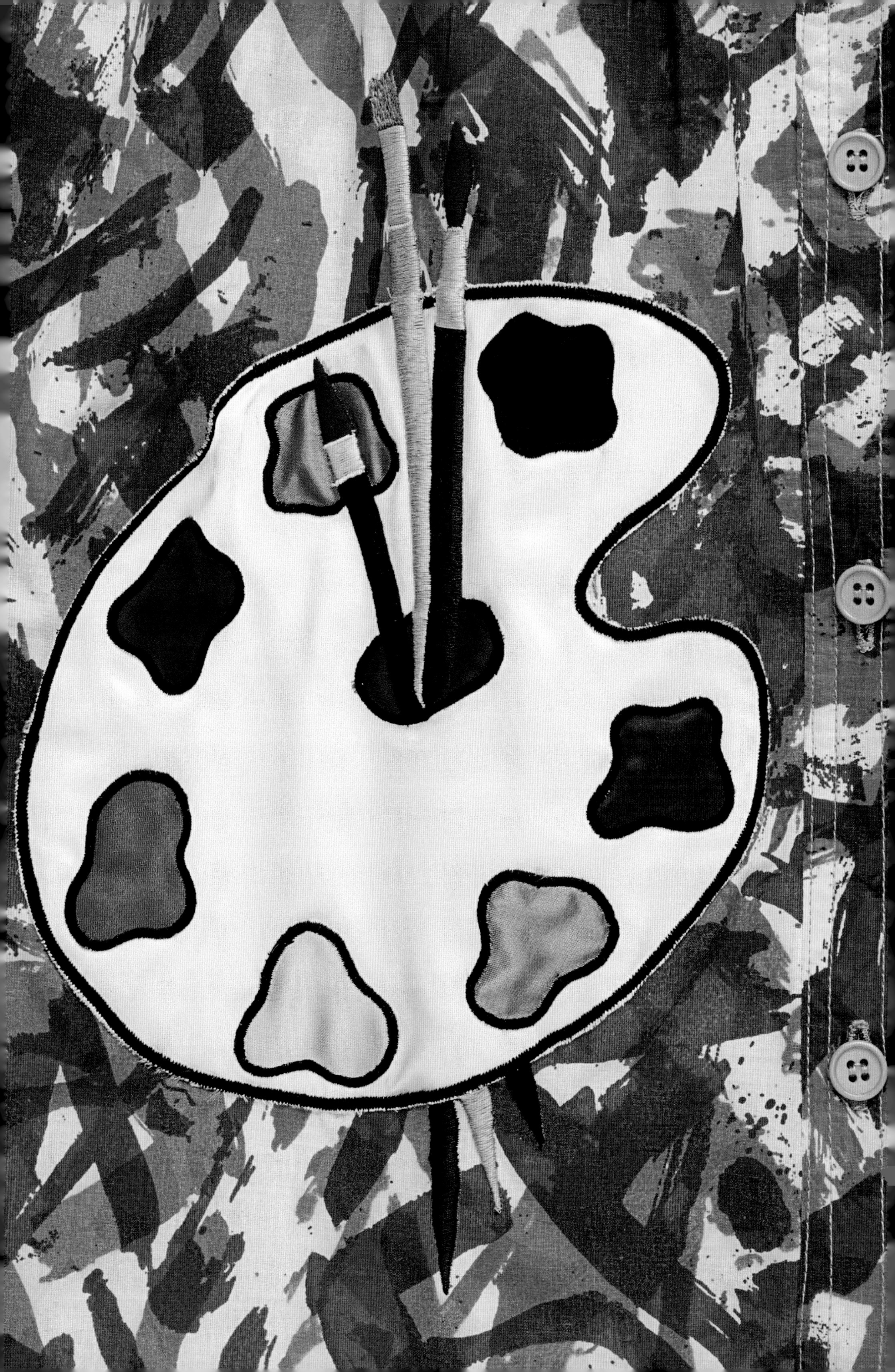

4　固定扣件

套装

人字纹粗花呢和金属扣（直径2.5厘米和2厘米）
英国，1942年秋
迪格比·莫顿（Digby Morton）
标签信息：标号16，DM92/10，原款（手写体标签，标明最高售价为5英镑或8.5美元）由贸易委员会赠出
T.45 to B1942

这身剪裁合体套装上的纽扣传达了战时的信息。外套和衬衫的设计是由来自伦敦时装设计师协会的英国贸易委员会委托设计的，是32套用于一般生产的“实用”设计系列中的一套。*Vogue*杂志在1942年10月特别报道了这个系列：“当然，所有的设计都符合新的紧缩规格：只有这么多的纽扣、这么多的袖口和这么多的裙子……但它们是纯粹风格胜过纯粹优雅的实物。”[1] 这套服装用灰色、白色和红色的人字纹花呢制成，如插图所示的衬衫领口处有一个用锈红色罗纹织带系成的蝴蝶结。

外套和衬衫上都设计有三粒固定用的纽扣，这是公共条例允许的最多纽扣数。在这些青铜色的金属扣上都标注有公用类符号CC41，代表1941年的平民服装。这个符号是由雷金纳德·希普（Reginald Schipp）设计的，他被要求把“CC”字伪装起来，“这样公众就认不出来了”。[2] 这种非写实的主题被称为“奶酪（the cheeses）”。这种扣子有两种尺寸，扣子底面是传统的环柄塑料扣托。

这些带有符号功能的纽扣是整套服装的重要设计细节。在使用CC41符号时，它们充分利用了当时允许的最小的装饰机会。在类型上，它们属于设计师用自己的签名缩写字母设计的纽扣类型。这样的标志性纽扣是多用途的，在起到高度装饰作用的同时，也可以传递信息或宣传他们的设计师。

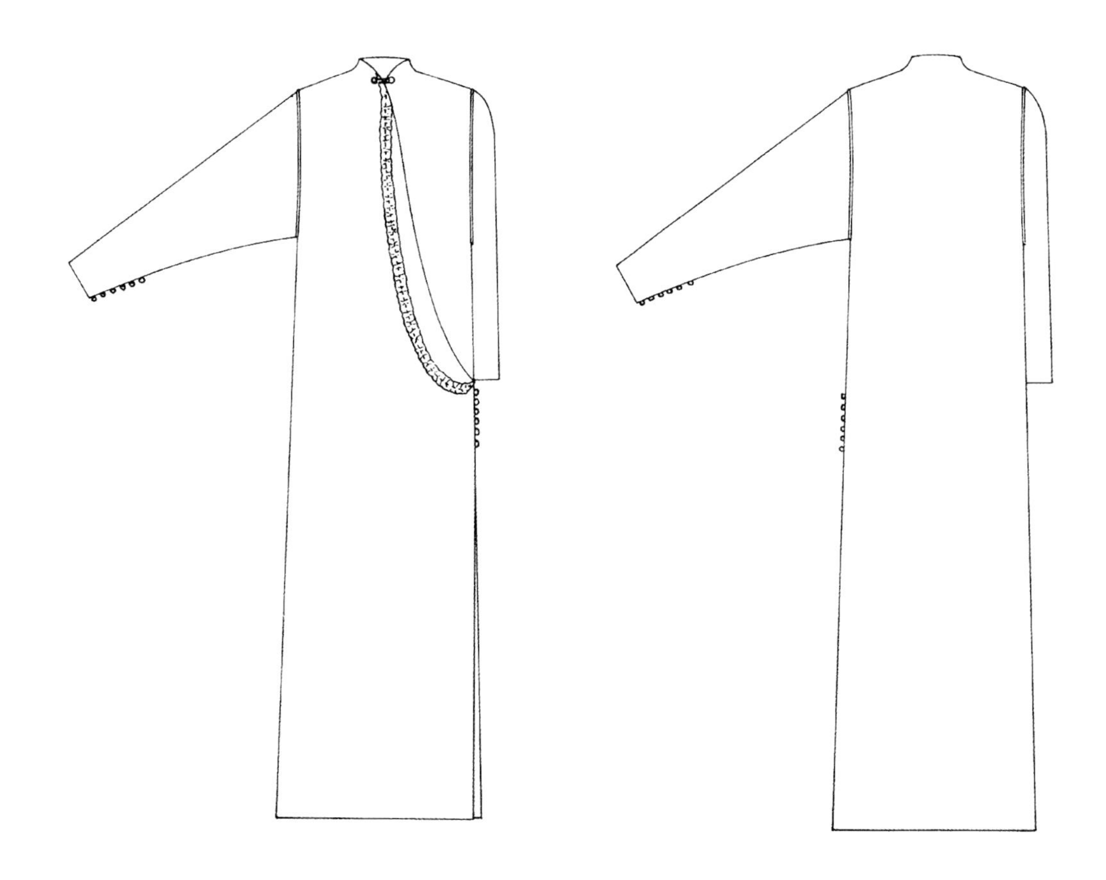

裹身长袍

真丝缎和丝缎包扣
英国，1918—1920年
标签信息：Russeu & Allen，伦敦老邦德街，WI
曾被希瑟·菲尔班克小姐所穿
T.46-1960

在这件淡紫色居家款裹身长袍上有一排小巧精致的刺绣包布扣，为此款设计增添了点缀装饰效果。每一粒包扣都是在木质底座上面覆盖相应大小的丝缎面料包裹制成的，包扣上面还覆盖有用灰紫色真丝线织成的如同蛛网状的绣花纹样。这些包布扣被缝在颈部、臀部和袖口处，并用延续排开的真丝线编成的精细扣袢扣合固定，使长袍松弛有度地包裹着身体。这件家居服是从 Russell & Allen商店购得的，那曾是一家爱德华时期伦敦最著名的商店，可以看出这些包布扣的样式与许多同时期的家居装饰刺绣品相似，是为了满足时代需求而进一步实现服装行业的扩张所出现的设计。

如图所示，用来映衬袖子的背景是这件裹身长袍的衬里，它是用黑色真丝雪纺面料裁制成的，雪纺上还有灰色与淡紫色花卉图案。这是一件款式简洁的家居服，但又不失精美的设计细节，在色彩柔和质地垂顺的丝缎上，不经意间会发现那些精美的包布扣装饰细节和柔美的里衬。

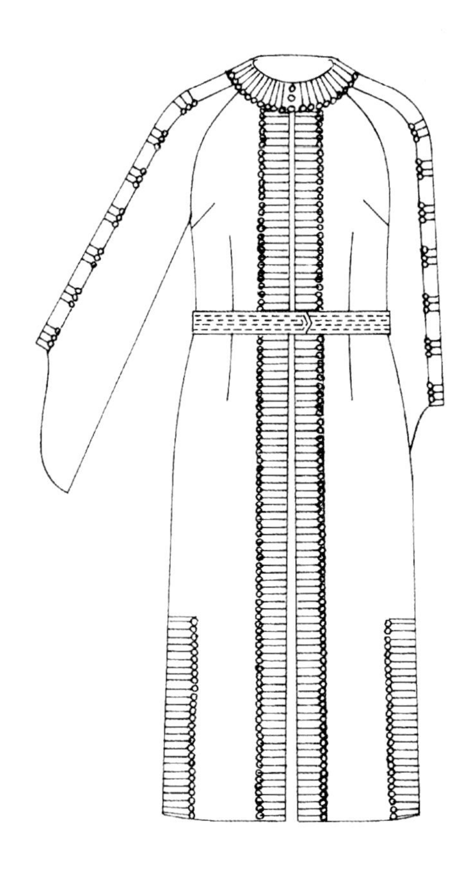

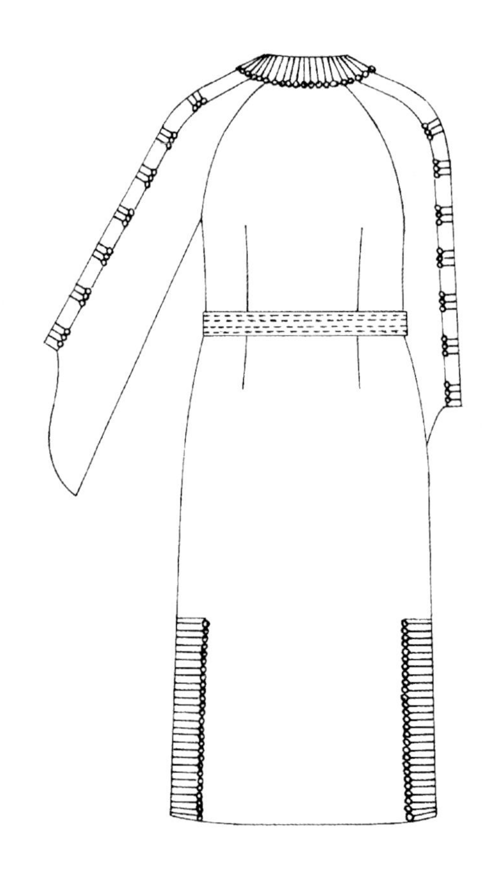

外套罩衫

人造丝编织饰带和木质扣
德国，20世纪20年代
U.H.吉德克小姐为纪念她的朋友布鲁诺·卢因夫人而赠出
T.273&A-1988

在这件黑色丝缎罩衫上有数不清的亮红色木质扣和无数平行排列的饰带组合构成一个突出的、纯粹的装饰图案。这件罩衫的领部、前胸、插肩袖和两侧开衩处都拼缝有大红色的真丝缎作为醒目的对比色基底，在红色丝缎上密切覆盖着一排排窄的黑色饰带。每一条黑色饰带都用一粒中心有小圆孔的扣（圆孔直径为10毫米）固定在一端，并用黑色的线穿过中心的小圆孔细心地缝制固定，以构成线性设计图案的一部分。

在这条裙子上，重复应用了一个微小的细节，创造了一个醒目的几何图案，以引人注目的颜色实现了如同军装一般的外观风格。早期人造丝面料的光泽度又进一步增强了红色与黑色强烈的对比效果。由于在第一次世界大战后，象牙、骨头和贝壳材质的纽扣变得稀缺，机器制造的木质扣便成了这些稀缺材料的替代品，因此这些价格更为低廉的木质扣被大量应用。

这件罩衫很可能出自一位当地或家庭作坊里的裁缝之手，显而易见的是，他在制作这类与众不同和高难度装饰工艺服装方面的天赋。

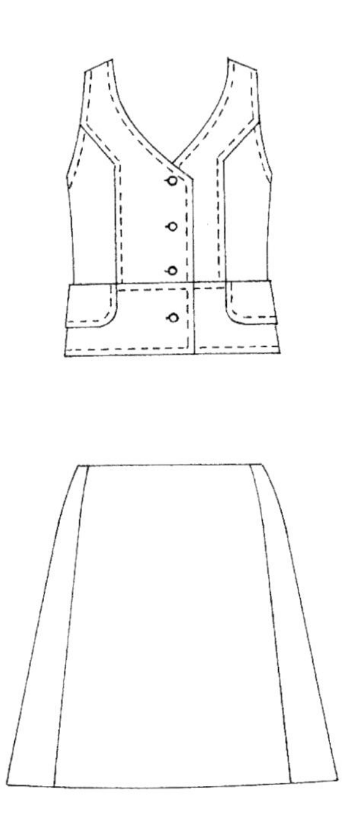

外套和裙子

缝有塑料合成扣的印花羊毛外套、裙子和绒面革马甲
法国，1968年秋
伊曼纽尔·温加罗（Emanuel Ungaro）
标签信息：Emanuel Ungaro，巴黎高级定制服装（面料由索尼娅·克纳普设计，Nattier织造）
曾被布伦达·阿扎里奥夫人所穿并赠出
T.314 to B-1978

伊曼纽尔·温加罗设计的这款外套和半裙用拼有绿色、白色和橙色迷彩印花羊毛面料制成，上面缝有如眼睛般的扣子格外显眼。与印花色彩匹配的扣子是在一粒亚光绿色的圆形扣座上覆盖着一个亚光白色凸起块状的设计。在大胆的印花织物上，飞溅的一抹橘色形成了圆盘状的如太阳般耀眼的颜色。1968年9月，英国版*Vogue*杂志刊登了这件搭配橙色绒面马甲的服装，并号召读者"换上漂亮的迷彩印花，温加罗应用的是Nattier织造的印有虚幻的丛林绿色条纹和橙色太阳的面料"。

这是一件短款喇叭形外套，前面缝有双排固定扣，贴缝有装饰性口袋，后腰部设计有半腰饰带。如配图所示的外套后中背部的设计细节，可以看出温加罗对于设计细节的专注和精致度的把控。为了配合原有复杂的印花效果，半腰饰带的固定处理，后中接缝的缝合和隐藏在后中下摆部位的叠褶都是经过细致剪裁处理的，特别定制的扣子则是最后的点睛之作。

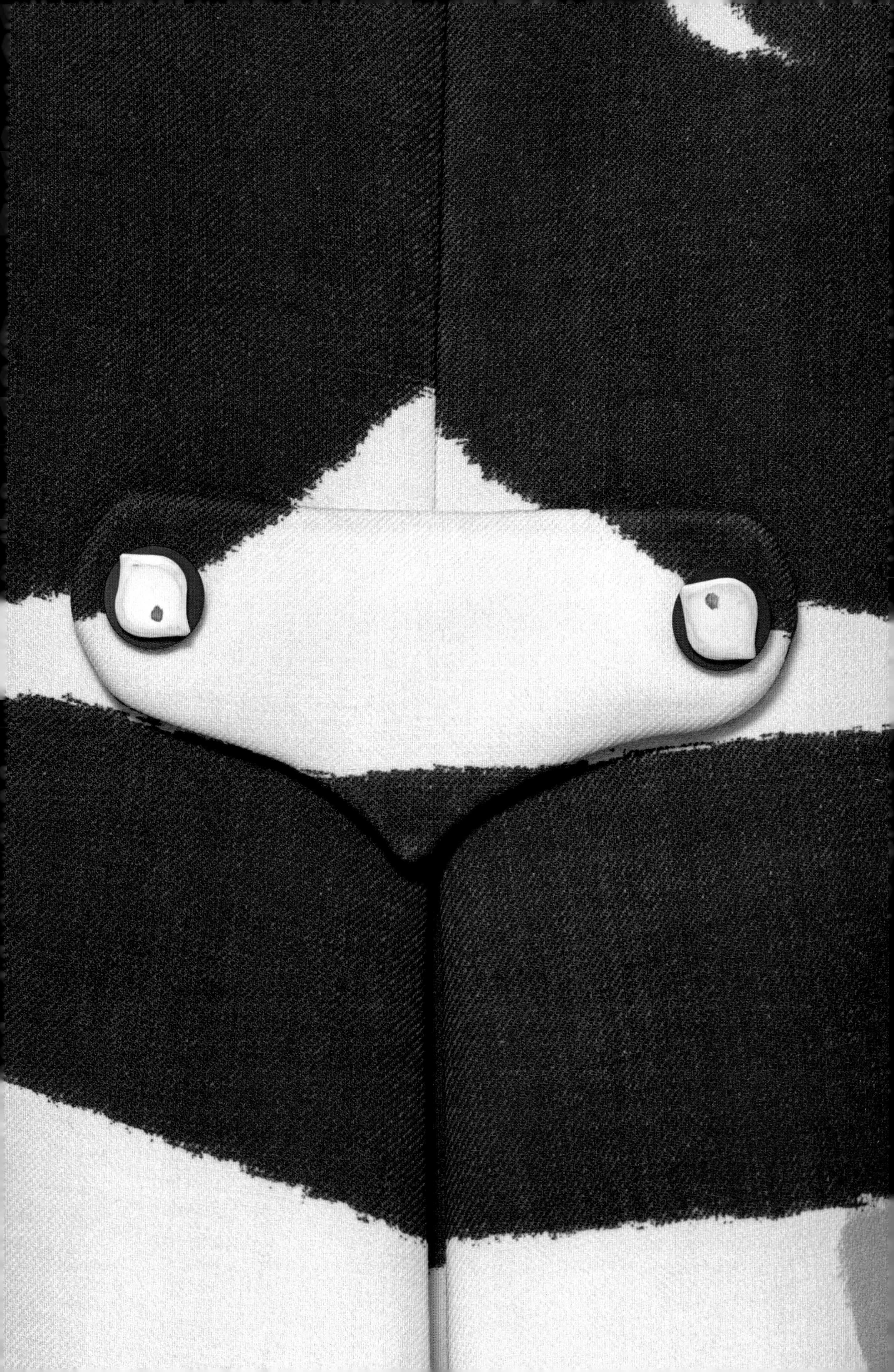

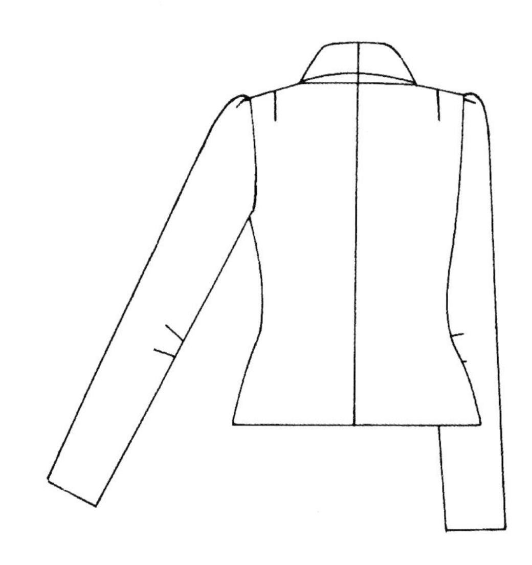

夹克

真丝斜纹绸和铸造金属扣
（6.5厘米长）
法国，1938年冬
艾尔莎·夏帕瑞丽
由露丝·福特小姐赠出，她母亲曾穿过
T.395&A-1974

这件夏帕瑞丽设计的亮粉色紧身夹克上有四颗杂技演员身形式样的纽扣。在这件真丝斜纹绸夹克上有一个循环的用两种蓝色丝线织成的后腿站立起来的马形图案，其马鞍、鬃毛和马身上的羽毛装饰都是用金属线织成的。夏帕瑞丽在1938年的“马戏团”系列中所用的面料和纽扣都是本人为该系列特别设计制作的。在该系列中，这件极具特色的夹克曾搭配一件深紫色真丝绉纱制成的宽松悬垂的晚装裙裤。这是“巴黎有史以来最热闹、最神气活现的时装秀”[3]，有“无数新奇的设计创意……欢腾的狗和马，灰色的大象，聚光灯下的杂技演员，帐篷和小丑。”[4]

夏帕瑞丽定制的这些奢华且极具装饰性的纽扣，是那些独具特色的服装上的重要细节。这些手工制作、铸造的金属杂技演员式纽扣充满活力和幽默感，灵动程度丝毫不亚于面料上织造的那对神气活现的马匹图案。大而重的纽扣被漆成淡粉色和蓝色，以一种新奇的方式被固定在衣料上，通过利用小的黄铜螺丝与底面的风纪扣（钩扣和扣环）连接在一起以扣合夹克。纽扣在夏帕瑞丽的服饰艺术中扮演着重要的角色：“特大号的纽扣在夏帕瑞丽的设计中仍然毫无畏惧地占据着主导地位。很多不可思议的事物都可以被用来做扣子，包括动物、羽毛、漫画、镇纸、链条、锁、夹子和棒棒糖。有些是木质的，有些是塑料做的，但没有一颗纽扣是常规款该有的样子。”[5]

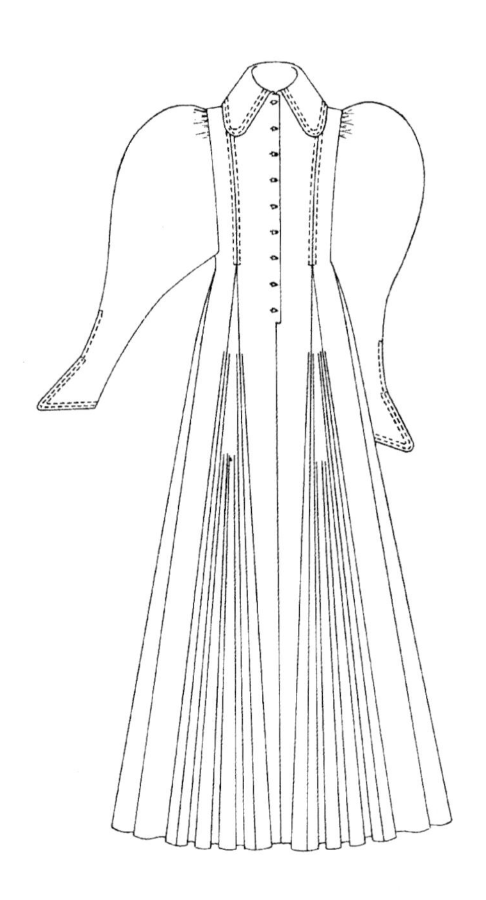

晚礼服

苔绒绉与珐琅装饰金属纽扣
英国，1972年
比尔·吉布
标签信息：Bill Gibb，伦敦
由安吉拉·迪克森夫人赠出
T.172-1986

在这件淡蓝色晚礼服的胸前缝有小小的蜜蜂形状的纽扣以扣合固定。这件宽大浪漫的礼服是在1972年购入的，当时是作为结婚礼服用。比尔·吉布的“签名”图案是一只蜜蜂，在他设计的许多服装上，蜜蜂的形象以刺绣和贴花的形式出现，还有制成蜜蜂样式的腰带扣件和纽扣。这些特殊的金属蜜蜂身上漆着黑色和黄色条纹，白色的翅膀穿过机锁扣眼以开合固定。这些被缝在净色苔绒绉上制作精良的蜜蜂形纽扣显得格外突出，像宝石般夺人眼球。

在这件礼服上身的前侧和后侧接缝处有两条正面压缝线，一条是黑色，一条是黄色，以模仿蜜蜂的颜色；同样在礼服的领口、展开的袖口和下摆上也缝有相呼应的两条压缝线。在德尔曼式长袖的手腕处有另外三粒蜜蜂扣，是用与礼服面料颜色匹配的其他材料制成的扣袢扣合在一起的。

1972年10月，英国版*Vogue*杂志将一件类似款的象牙色长裙描述为“比尔·吉布的华丽晚宴：“这件缎背绉礼服……令人惊叹的多片拼接裙，窄得像中世纪风格的德尔曼式袖子，黑色和黄色的缝线与蜜蜂扣相呼应。售价70英镑。”吉布以其奢华的晚礼服设计而闻名。他说：“我必须坚持自己最擅长的东西，坚持自己的风格，面料和细节都要很丰富。”[6]

日间连衣裙

亚麻和草编扣
（直径3厘米）
法国，约1948年
雅克·海姆（Jacques Heim）
标签信息：Heim Actualité，戛纳
玛蒂塔·亨特（Martita Hunt）小姐穿过，凯瑟琳·亨特（Catherine Hunt）小姐赠出
T.117-1970

这件设计于1948年左右的夏日连衣裙用黑色的亚麻面料制成，连衣裙的交叉领口上缝有一对别致的草编盘扣，腰下部的裙子上也规则地排列点缀着同样的盘扣。这些盘扣用精编的细草条紧密地盘绕成整齐的螺旋状，并用线固定。稻草轻盈、自然的颜色与平整的黑色亚麻布形成鲜明对比，将一件剪裁巧妙但朴素的连衣裙变成了一件装饰新颖、引人注目的服装。

前胸上的纽扣起到了固定领口交叉裁片的作用，还配有装饰性的扣眼制造一种系扣的假象，但无论是这两粒纽扣还是裙子上的纽扣都未经受日常使用的磨损。因此，尽管盘卷的稻草易碎容易腐烂，但它们仍然保持着原有的状态。这种非传统的廉价材料的使用，很可能是由于战争时期高级时装面料和装饰辅料短缺所造成的。

雅克·海姆是最早研究成衣市场潜力的顶级设计师之一。这件连衣裙是出自他的成衣品牌Heim Actualité的早期设计作品，款式非同寻常，具有重要的历史意义。

这件由薇薇安·威斯特伍德和马尔科姆·麦克拉伦设计的“厨房水槽”开衫，是用染成紫色的织纹粗且松散的洗碗布棉料制成的。在开衫前襟上缝有三枚巨大的、外观独特并且被擦得光亮的金属纽扣，是用Vim洗涤粉的包装盖子改造成的。每一枚纽扣都是用彩色的棉线穿过扣面上被打穿的洞孔缝在开衫上的，用粗棉绳制成的扣袢将其扣合，而粗绳的另一端则打成绳结，其末端是松散开的。这件开衫有两个方形的补丁口袋，由粉色、绿色、黄色和紫色的洗碗布条交织而成。在落肩长袖的袖口上用三排彩色的棉绳将袖口抽紧固定在手腕的位置，肩膀和后背还装饰有松软的流苏。外露的接缝、超大宽松的风格和平面式剪裁令这件开衫的设计与20世纪80年代初成功的日本造型风格并行。

威斯特伍德当时说：“我并不是想用我的衣服做一种外壳，让它停留在离身体半英寸的地方。我的衣服是动态的，可以拉，推，轻微下降。衣服需要的不仅仅是舒适，即使它们不太舒服，会滑落，需要不时地重新调整那我也不介意，因为这些动作都是同服装一起需要被展示出来的姿态。”[7]

威斯特伍德和麦克拉伦用挑衅和极具个性的做法去“破坏时尚的状态体系”[8]，在设计中应用日常生活用品幽默地表达了他们的态度。

开衫

“磨损”梭织棉料，金属扣（直径7.5厘米）
英国，约1982年
World's End McLaren Westwood
标签信息：World's End Mclaren Westwood，诞生于英国
T.366-1985

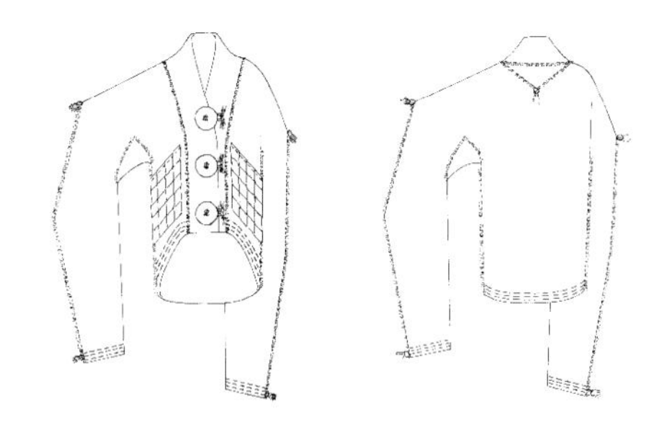

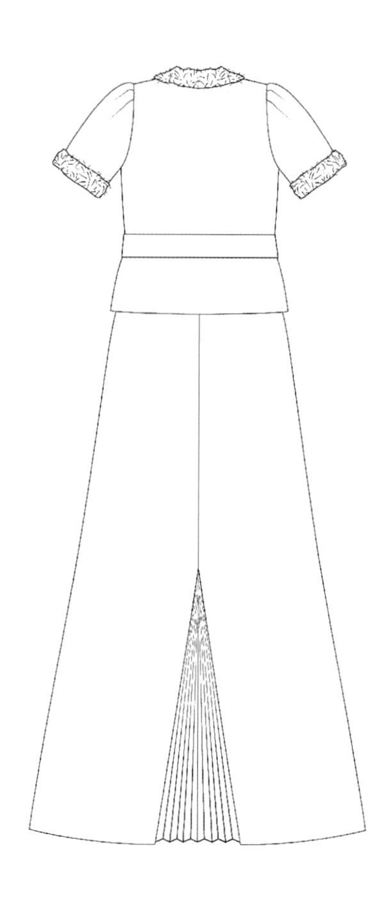

连衣裙

彩绘混纺面料和塑料扣
标签信息：裙子的下摆内侧缝有一条带子，上面用手写体标注着裙子的名称“室内运动(Indoor Sport)”
由乔安娜·罗斯(Joanna Ross)赠出
T.46:1-2017

这件连衣裙是由一位不知名的设计师设计的，是一件设计新奇，在滑雪后出席社交活动时所穿的服装。这件短袖长款连衣裙的领子和袖口上都饰有毛皮镶边，裙身上绘制有滑雪者在斜坡上滑雪的主题装饰图案，四周环绕着飘落的雪花。连衣裙的最初拥有者是利亚·巴尼特·罗斯(Leah Barnett Ross，原姓Lyons，1915—1969年)，她曾穿着这件连衣裙让当时活跃于上流社会的肖像画家詹姆斯·彭尼斯顿·巴拉克拉夫(James Penniston Barraclough，1891—1942年)直接在她身上绘制图案。

罗斯的家人都记得她是一个滑雪爱好者。为了进一步强调滑雪主题，这条裙子拥有皮草镶边的衣领和袖口，以及一对滑雪板形状的四颗纽扣，它们被缝制在上衣的前襟位置。滑雪板形状的纽扣也被用在连衣裙腰带上作装饰和固定扣件。这些异想天开、造型别致又妙趣横生的纽扣用塑料制成，体现出了此款设计对现代材料的拥抱与尝试。

这件连衣裙是在1937年左右被制作出来的，那一时期的时装设计还很注重扣件的装饰性。一些设计师以设计制作幽默诙谐的纽扣而闻名。例如，艾尔莎·夏帕瑞丽就偏好制作杂技演员、马，甚至昆虫形象的纽扣(见112-113页)。

马甲背心

毛料和金属扣
意大利，约1992年
罗密欧·吉利（Romeo Gigli）
标签信息：Romeo Gigli，意大利制造
由吉尔·里布拉特赠出
T.233-2011

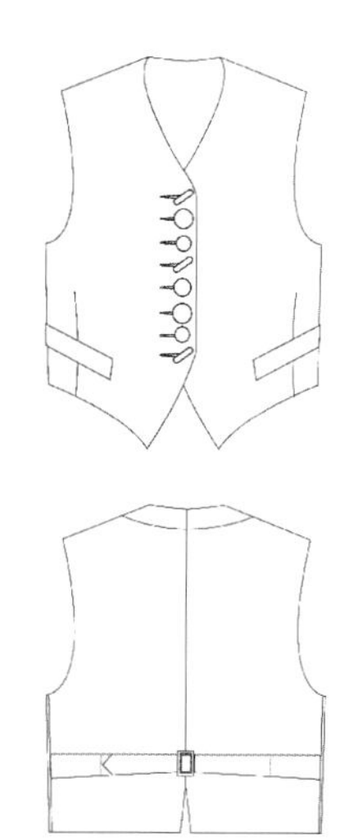

乍一看，这件马甲背心似乎没有什么特别之处，但是被缝制在背心上的八枚银丝纽扣却极具装饰特色。这些有圆形和长方形形状的超大号纽扣为这件款式较传统的定制服装增添了异国情调。这种在传统之上做出意外的对比效果是罗密欧·吉利标志性的设计特征。在整个20世纪80年代和90年代，这位意大利设计师为他同时代的那些穿着传统、风格硬朗的人们提供了一种浪漫另类的选择。吉利的印度之旅让他对奢华的纺织品和装饰工艺产生了兴趣。

他的设计通常以色彩柔和、质地丰富的面料和不寻常的装饰为特色。在那个时代，时尚往往聚焦于健美的身材和新型弹力面料的设计可能性，吉利展示了一种用披肩、兜帽和球形裙将女性身体包裹起来的设计偏好。

这件高腰短夹克的前身上排列布满了装饰性的编扣与扣袢，领口和袖口上的毛皮镶边都参照了军装的款式设计。此款夹克出自高缇耶1990秋冬名为“Les Pieds Nickelés”的系列，设计参考了20世纪早期法国动画电影*The Adventures of the Nickle-plated Feet*。这件夹克设计华美，除了排列的装饰扣袢和毛皮镶边，夹克的全身和袖子都覆盖着层叠的黑色亮片。在夹克前中拉链两侧和前后身上还嵌缝有倾斜至腰线的天鹅绒饰带，增强了收腰效果。这件夹克是利用前中拉链开合固定的，在此之上还有十几组绳编扣和扣袢，用来装饰与扣合。

夹克

毛皮配天鹅绒、亮片和绳编装饰
法国，1990秋冬
让-保罗·高缇耶（Jean-Paul Gaultier）
标签信息：让-保罗·高缇耶男装，50码，仅干洗，意大利制造
由Cazunari Kokuryo赠出
T.502-1997

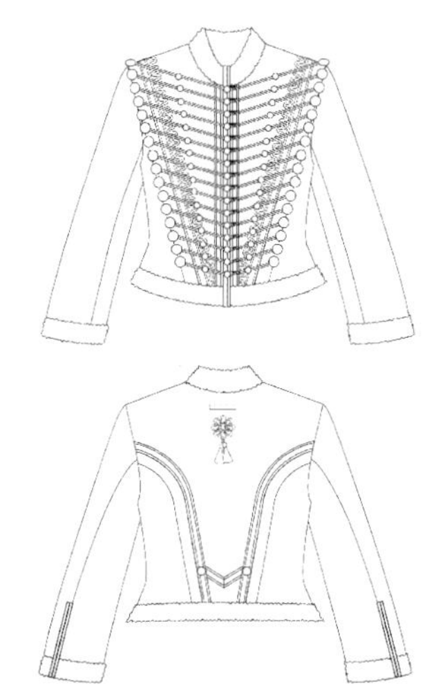

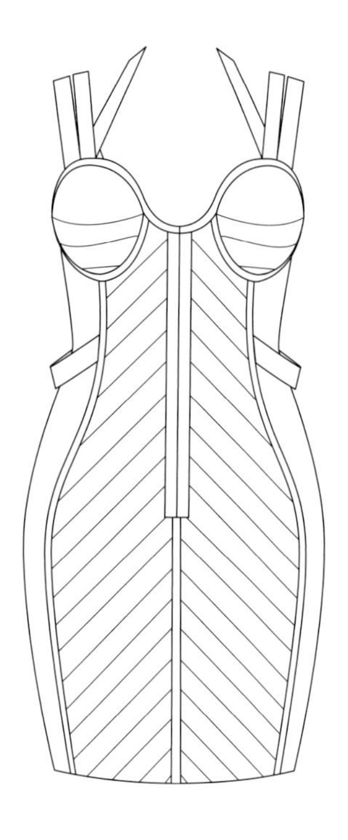

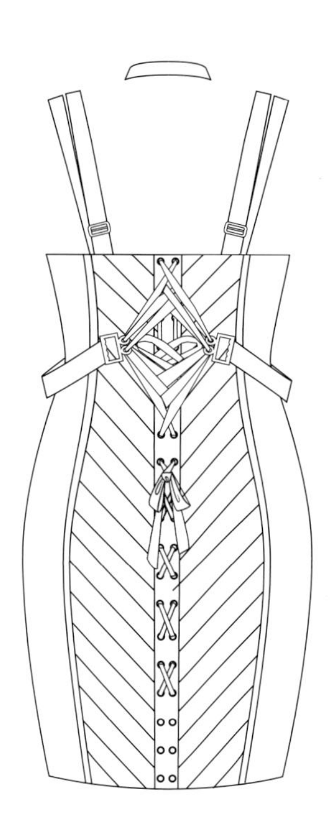

鸡尾酒会礼服

真丝、网纱、蕾丝和串珠流苏装饰
法国，20世纪80年代末
让-保罗·高缇耶
标签信息：Jean-Paul Gaultier
T.114-2009

设计师让-保罗·高缇耶推出的这款大胆前卫的鸡尾酒会礼服是以内衣为灵感设计的，运用了色彩、图案、装饰和扣件等多种设计元素。这种贴身式设计的灵感源自紧身胸衣，结合应用了多种制衣技术和各种表面装饰工艺。在胸罩的上边缘镶嵌有金色的蕾丝边，下部胸托位置装饰有黑色串珠流苏；蓝绿色真丝制成的裙身两侧裁片上贴补缝有金色网绣小鸟图案；裙身的后中心位置装饰有孔眼式绑带，让人联想到19世纪的紧身胸衣，而在这件紧身礼服裙上还缝有紧身胸衣专用的钩扣。这种胸衣钩扣在早期是比较隐私的部分，不应当被人看到；但在这件礼服上，高缇耶特意将钩扣设置在礼服的前中缝上，并用金色的真丝包条装饰以突出这些钩扣的特征。因此，高缇耶从仅在闺房的私密空间内可见的服饰上获得灵感，将它重新诠释了出来，用于都市中的夜生活。

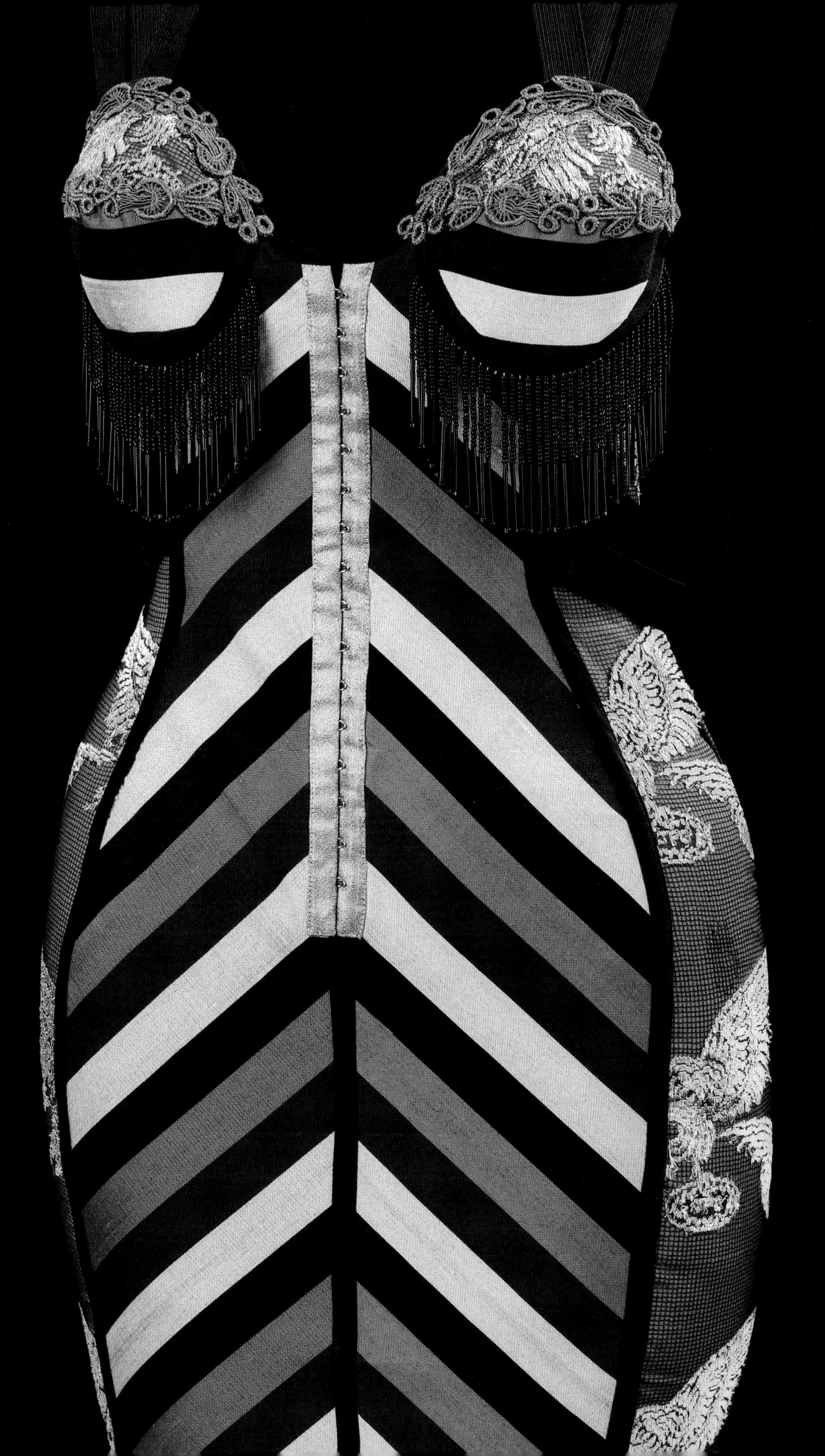

5　蝴蝶结

日间连衣裙

真丝罗缎和同款面料制蝴蝶结
英国，1947年秋
维克多·斯蒂贝尔（Victor Stiebel）
标签信息：Victor Stiebel，Jacqmar16号，Grosvenor大街，伦敦，WI
由康沃利斯夫人赠出
T.292-1984

维克多·斯蒂贝尔在1947年秋季推出的条纹真丝罗缎礼服的主要特色就是腰后装饰的巨大蓬起的蝴蝶结，这对于日常穿着来说似乎过于奢华。在裙子的下面需要缝合一块结实的马尾衬来托起又大又重的蝴蝶结。在经济紧缩和定量配给时期，在设计中过度使用材料进行非功能性的装饰是一种挑衅的姿态。

剪裁合体的上衣是大领短袖和配有垫肩式的设计，在前襟上缝有三粒黑色玻璃扣以开合固定。时髦蓬起的裙子用硬网裙撑支撑着，腰部上饰有纵向平行的抽褶，收尾卷边处理得干净清爽。在硬网裙撑的下面还有一条稍长的、直的衬裙，衬裙上的垂直条纹与裙身上的横条纹搭配，创造了一种视觉上的对比效果和层次感，展现出斯蒂贝尔在巧妙处理条纹面料方面的天赋。

1947年2月，克里斯汀·迪奥推出了“新风貌”设计概念，其特点是收紧的腰身、宽下摆长裙和柔顺的肩部线条。在战争年代女性仅限于实用主义服装，新风貌的产生也是战后的必然反应，这件设计中不符合实用性的廓形和夸张的蝴蝶结装饰都符合了当时对于“新风貌”特点的最新诠释。这可以被看作是在服装中恢复女性气质的一种尝试。

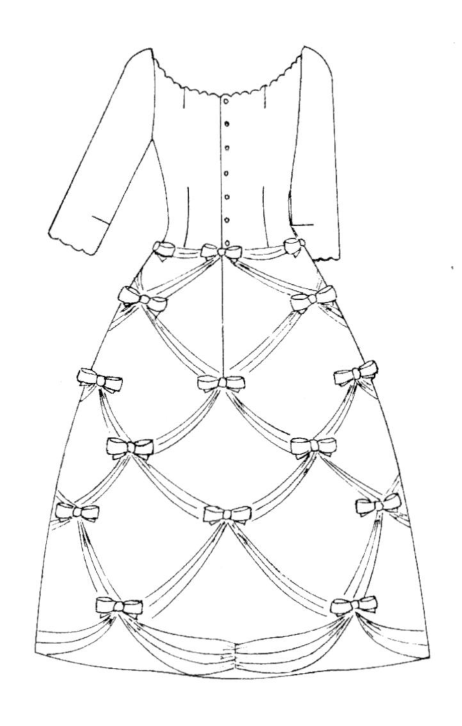

晚礼服

“蒙面舞会（Bal Masqué）”黑色珠饰真丝网纱和缎带蝴蝶结
法国，1958春夏
伊夫·圣·洛朗在Dior工作时期所设计的礼服
标签信息：Christian Dior，巴黎，编号94460
曾被温莎公爵夫人所穿并赠出
T.125-1974

伊夫·圣·洛朗为克里斯汀·迪奥设计的这款闪亮的晚礼服中，对比运用了一系列不同质地的亚光和有光泽的黑色面料。精细的网纱上四处散落点缀着黑色米粒珠，还装饰有一连串黑色缎面蝴蝶结。这些未经过细致处理的蝴蝶结仅是用3厘米宽的缎带系成的，用于装饰固定钟形裙上堆叠的网纱褶皱。在礼服上半身前中部分还额外点缀有几个蝴蝶结，增添了上衣部分的装饰细节。缎带蝴蝶结的末端还保留着被剪断的痕迹，未经过修饰，这些仍保留着最自然状态的蝴蝶结为这件制作工艺复杂的高级定制礼服增添了柔和与浪漫的气息。

礼服内是一件缝有骨的束身衣和用大量硬挺网纱、马尾衬制成的裙撑来撑起整件礼服，它是礼服内一个独立的承重结构。真丝制成的网纱上衣部分用按扣固定在基础礼服之上，上面还缝有一些小小的装饰性纽扣，每一粒纽扣上面都点缀着一粒黑色珠。扇形饰边领口和半透明的连肩袖上也装饰有一排排相配的珠子。在宽下摆的裙子上覆盖着优雅的如帷幕般的真丝网纱，网纱上的装饰褶皱从腰部至裙摆逐渐增多。所有这些应用在礼服上的装饰细节被巧妙地结合运用，创造出了一件闪亮的童话般的礼服。

日装连衣裙

亚麻、真丝欧根纱衣领和袖口，真丝斜纹绸蝴蝶结
英国，约1912—1914年
曾被希瑟·菲尔班克小姐所穿
T.17-1960

这件1912年左右设计的简约“海边连衣裙”胸前装饰的一个大的蝴蝶结成为连衣裙的关注焦点，那是用斑点印花真丝斜纹绸飘带松散地系成的一个蝴蝶结。这种款式柔软的领结在当时常被用来装饰在时髦的衬衫和礼服上，并且可以经常被互换应用。这类装饰设计都是受到了早期男性领部装饰的启发。1912年8月，英国《女王》（*The Queen*）杂志曾这样描述道："用一条蓝白相间的鸟眼斑纹丝绸带系成的拉丁四分式阔领结装饰的罗伯斯比领（Robespierre collar）是最漂亮的衣领。"[1]

这件连衣裙有清新淡雅的外观，是用天蓝色的水洗亚麻面料制成的，有深V领口与和服式的长袖设计，在袖部应用了花式针迹接缝工艺将垂落的肩线与袖子缝合连接。在裙身两侧较低的位置缝有边缘较长，呈弧线形的大口袋。翻起的袖口和边缘饰有月牙形锁边的领子都用挺括的白色欧根纱制成，更加完美地衬托出真丝蝴蝶结柔美的装饰效果。

这件连衣裙以其清新的设计风格，与本书中所展示的那几件服装相比，是希瑟·菲尔班克小姐衣橱中为数不多的款式不太正式的一件，她会在早上活动时或暑假悠闲时期穿着这件连衣裙。这件连衣裙上的斑点蝴蝶结与菲尔班克小姐的那件会客礼服背面上的蝴蝶结（见136-137页）形成鲜明的反差装饰效果，尽管这两件礼服是出自同一时期的设计。

这件长及地面的晚礼服具有20世纪80年代时尚风格的廓形，设计中还包含对历史服装的参考缩影。黑色天鹅绒裙子外面还套有一件糖果色条纹塔夫绸制成的套裙。在宽松蓬起的泡泡袖的裁口处接缝有同样的条纹面料做衬里，模仿了16世纪时尚服装的袖部裁切工艺。

在这件黑色天鹅绒礼服的前胸领口处饰有一个用同款塔夫绸面料制成的大蝴蝶结，它被装饰在低胸领口的中间位置吸引了人们对领口的注意力，但同时又弱化了低胸领口设计的诱惑力。伦敦出生的设计师海伦·海斯在澳大利亚新南威尔士长大，她在20世纪60年代初搬到巴黎学习雕塑，并在1963年开始在时尚行业工作，在让·路易·雪莱的时装公司担任经理。海斯从20世纪80年代初开始经营她在巴黎的时装精品店，服务知名富有的客户，包括美国第一夫人和欧洲皇室成员。

晚礼服

天鹅绒和塔夫绸
法国，1985年
海伦·海斯（Helene Hayes）
标签信息：Helene Hayes，巴黎
由亚历山大·海斯赠出
T.1-2008

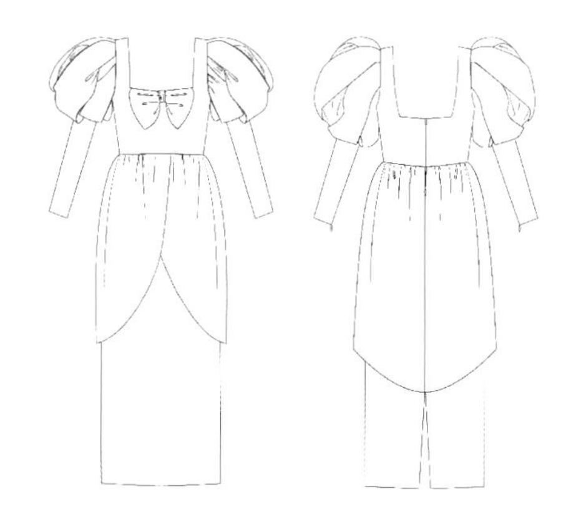

晚礼服

真丝缎、丝绸荷叶边和蝴蝶结
法国，1987—1988年
克里斯汀·拉克鲁瓦
标签信息：Christian Lacroix，巴黎
T.246-1989

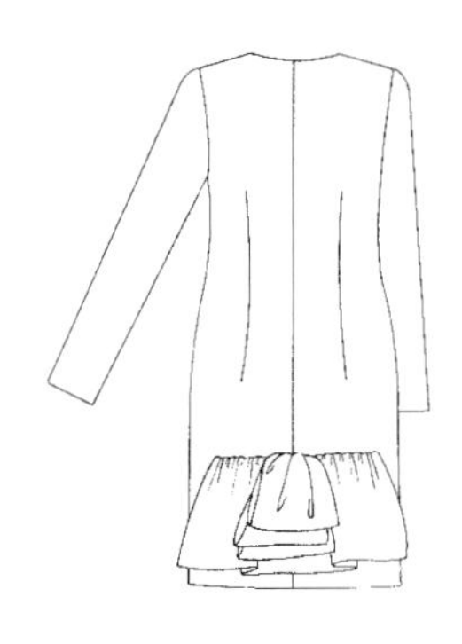

在这件亮绿色搭配黑色的迷你连衣裙上点缀着半个蝴蝶结装饰，以一种引人注目和幽默的方式着重突出穿着者的活动姿态。克里斯汀·拉克鲁瓦以其折中主义而闻名，这件晚礼服出自他最早期的设计系列，他从19世纪的礼服中借鉴了臀垫裙的设计款式，并与迷你连衣裙相结合设计出来的。他说："我们没有发明任何东西，我的每一件衣服都有一个细节，可以与历史文化相关联。"[2]

这件梦幻般轻盈精致的长款礼服外套是出自1903年的设计，用昂贵的真丝波纹绸面料制成，面料表面泛出微妙的光芒，上面还有用锦缎编织工艺织出的小蝴蝶结图案。

这种奶油色调的法国真丝可能是在里昂制造的，具有水状波纹的外观特征，这种效果是经过一套精细的加工工序得以实现的，首先将细织罗纹进行加热压缩，再进行刻花铜辊处理，之后产生不规则的纹路，最后一道工序是制作波纹效果。当光影在面料的表面移动时，会令波纹产生出一种流动的效果，面料上的小蝴蝶结也跟着舞动。

晚礼服

波纹真丝和机织蝴蝶结花纹，蕾丝和刺绣
法国，约1903年
可能是查尔斯·弗雷德里克·沃斯
由J.阿伦比夫人赠出
T.66-1966

晚礼服

真丝绉和丝带蝴蝶结
英国，20世纪30年代末
伊娃·鲁琴斯（Eva Lutyens）
标签信息：Eva Lutyens，伦敦
由马丁·卡默赠出
T.105-1988

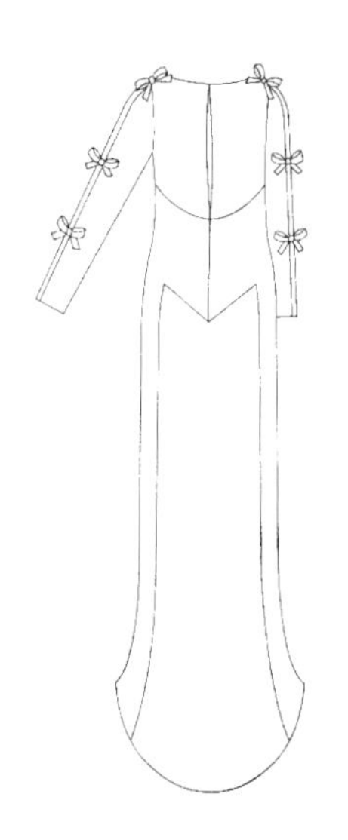

伊娃·鲁琴斯设计的这件樱桃红真丝波纹绉晚礼服的肩膀和袖子上都装饰着真丝塔夫绸带制成的蝴蝶结。这些优雅的蝴蝶结是用带有小环状饰边的双色塔夫绸带整齐地系在一起制成的，有的是粉色配淡绿色，有的是粉色配褐红色。蝴蝶结被用来装饰与固定袖子从肩部至袖口未缝合的接缝，可以很保险地穿在身上，并在不经意间露出下面的手臂肌肤，这种诱人的开缝式设计同样被应用在了礼服的背部。这款修身、齐地长度的真丝绉连衣裙剪裁巧妙，极少应用扣件，仅在礼服领后缝有一对风纪扣。礼服的前片、侧片至后中腰部是一片式裁剪，接缝于一片有弧线形小拖尾的后中裁片构成裙身的主体。

这款粉色缎面蝴蝶结为皮埃尔·巴尔曼迷人的晚礼服增添了优雅的点睛一笔。在礼服的后腰部设计有用真丝缎和礼服丝缎面料交叠成的不对称的斜向装饰褶皱，小巧精致的蝴蝶结就被点缀在交叠的位置上。这件礼服用珍珠白色真丝缎面料制成，面料上有银色金属线织成的蓟花图案，并在图案上手工绘制出柔和的色调。在这款无肩带式礼服的上身部分还装饰有细小针距绣出的叶片图案。奥地利电影明星莉莉·帕尔默在1956年的电影《穿丝绸的恶魔》（*Teufel in Seide*）中曾穿过这件礼服。

晚礼服

金属线织丝缎、手绘、丝缎蝴蝶结
法国，约1956年
皮埃尔·巴尔曼（Pierre Balmain）
标签信息：Pierre Balmain，巴黎
曾被莉莉·帕尔默（Lilli Palmer）小姐所穿，后赠出
T.252-1981

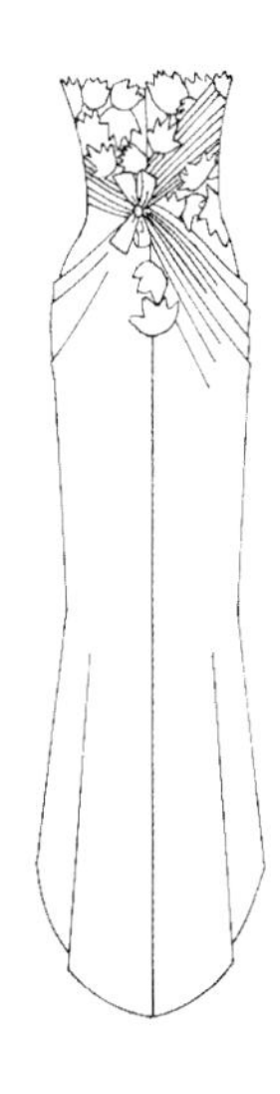

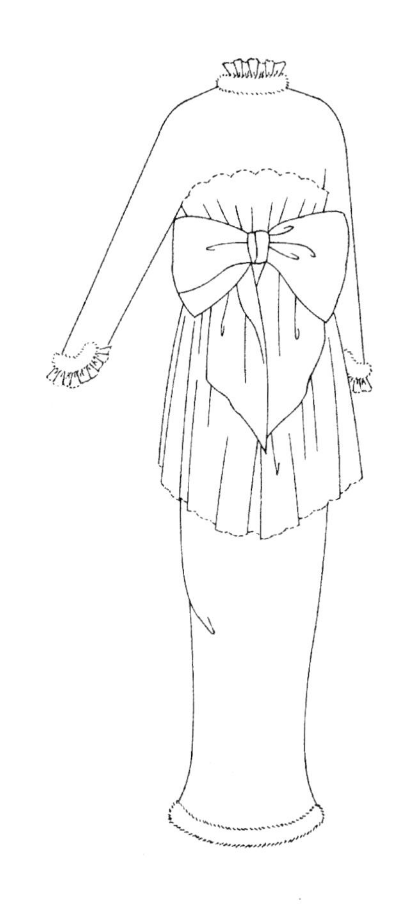

午后或会客礼服

真丝、丝缎、网纱、机织蕾丝和臭鼬皮毛，还有丝缎蝴蝶结
英国，约1912—1914年
可能是露西尔（达夫·戈登夫人）
曾被希瑟·菲尔班克小姐所穿
T.34-1960

这件1912年左右非常时髦的会客礼服曾为希瑟·菲尔班克小姐所穿。在礼服的高腰位置缝有一条较宽的象牙色腰带，是用真丝缎斜裁制成的，并延伸至后腰被系成一个硕大的蝴蝶结。蝴蝶结的宽下摆垂落至臀部以下，这对穿着者来说会有点尴尬：坐下来时可能仅限于坐在椅子边上。1914年，《女王》杂志曾大胆地宣称，这种“猛犸象”般的蝴蝶结的流行风潮不会持续太久，因为“太容易获得这种装饰效果了”。[3]

蝴蝶结完全是装饰用的，因为礼服实际上是由一系列复杂的隐藏的扣子系牢的，还缝有很多小的风纪扣。从表面上看，蝴蝶结给人一种柔软柔韧的错觉，因为在它内部衬有硬挺的欧根纱，边缘用金属丝固定以保持形状。这与半透明礼服内衬的束身衣构造原理相似，蝴蝶结也是借助坚硬的材料来精心架构其形态的。

礼服的上衣和袖子是连接在一起的一片式剪裁，是将乳白色的雪纺纱覆盖在真丝网纱上裁制成的。一块机织真丝蕾丝制成的外穿短裙套在礼服最外面胸下的位置，在短裙的腰围处有适量的抽褶，令柔软的褶皱自然垂顺盖过臀部。饰有宽褶边的领口、窄袖口和垂顺的裙裤摆边都饰有棕色臭鼬毛皮镶边，这在当时是非常时尚的装饰元素。《女王》杂志曾指出：“毛皮可以软化一切，雪纺也是一样。”这件衣服可能是露西尔设计制作的，露西尔是一位活跃于上流社会的女装设计师，她以女性化的设计、色彩的巧妙运用和精致的工艺细节而闻名。

晚礼服

真丝、欧根纱和丝缎
法国，1989年
菲利普·维内特（Philippe Venet）
标签信息：Philippe Venet，巴黎
T.190-1990

菲利普·维内特在这件黑色配白色的真丝晚礼服上探索性地应用了蝴蝶结主题元素。一个巨大宽阔的披肩领盖过了肩膀至上腰部位置，这个如披风般的领子是用硬挺的真丝欧根纱制成。引人注目的是，在披肩领上穿插有一条黑色缎制成的饰带，饰带从前面穿过肩上部至领后，被系成一个巨大的蝴蝶结装饰在领子后中部。此外，在裙身上还饰有大量的小蝴蝶结贴花图案，这些贴花图案的边缘与面料是分离开的；蝴蝶结就像站立在裙子上一样创造出一种生动的、飘动的效果，与上面那一个静态庄重的蝴蝶结形成鲜明对比。

这件礼服是用黑色真丝缎裁制成的，丝缎上还织有黑色的斑纹，并且上面还分布散落着机绣白色小圆点。礼服是无袖的，齐地长度，剪裁较为简单，下身是长的直裁式裙子，并在腰部缝有聚拢的装饰褶皱。维内特以这件黑白色礼服为背景板，设计应用了一个静态单一蝴蝶结对比多个三维形态的蝴蝶结创造了装饰规模和纹理变化的反差效果，其结果就是，不论你从正面还是背面看，这件礼服都具有强烈的视觉吸引力和戏剧化的效果。

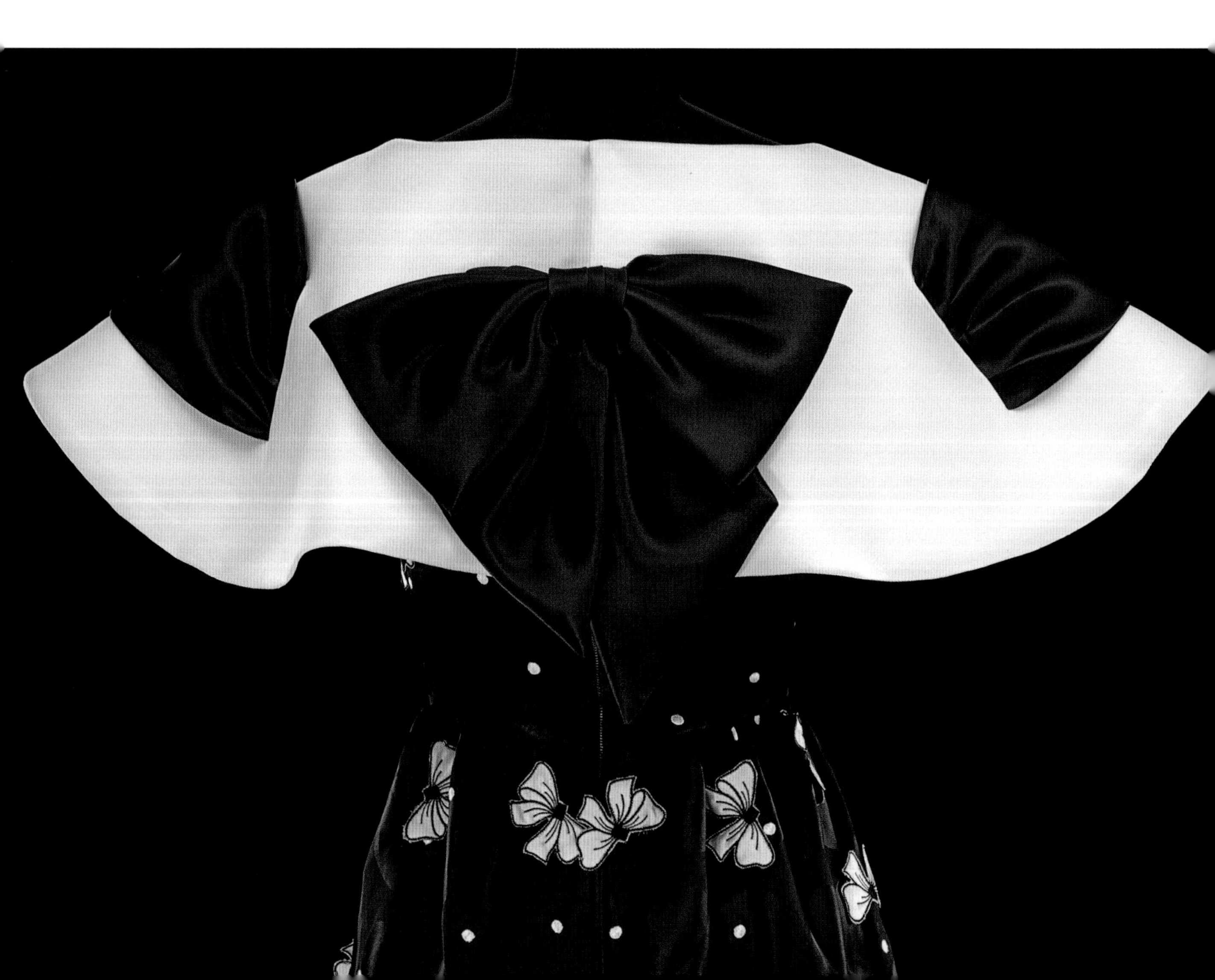

克里斯汀·迪奥于1957年设计的这件非常女性化的晚礼服上装饰的两个精致柔美的蝴蝶结成为这款礼服的点睛之作。蝴蝶结被精确地交叉设置在礼服领口的两侧，成功地将人们的注意力吸引到迷人的低胸领口上。自信挺立的大蝴蝶结与树莓色真丝欧根缎礼服颜色相匹配，蝴蝶结装点下的面料被抽紧聚拢在一起，将领口自然地收紧贴合于胸部。

迪奥写道："我的很多衣服都是单凭面料制成的。"[4] 他可以将奢华挺括的缎纹织物设计运用得淋漓尽致。礼服上身是紧身式剪裁，别致的衣领设计和点缀在褶皱上的蝴蝶结装饰细节，玲珑有致的腰部线条下辅以简单的裙子。裙子是蓬松状宽下摆短裙，在腰部有收紧的褶皱，裙子里面有四层网布裙撑，最里层缝有加固用的马尾衬。塞西尔·比顿称克里斯汀·迪奥是"华托式*的设计师，他设计的服装细节微妙，优雅、精致且时髦"。[5]

晚礼服

缎面欧根纱（欧根缎），同款面料制蝴蝶结
英国，1957年
克里斯汀·迪奥
标签信息：克里斯汀·迪奥有限公司，伦敦，编号13445
曾被威廉·曼恩夫人所穿并赠出
T.235-1985

* 译者注：指法国画家华托作品中的女子服装式样。

套头衫

手工针织羊毛
法国，1927年
艾尔莎·夏帕瑞丽
由艾尔莎·夏帕瑞丽女士赠出
T.388-1974

艾尔莎·夏帕瑞丽在这件1927年设计的羊毛编织套头衫中运用了错视效果的蝴蝶结图案。这件款式简约纯手工编织的套头衫及上面清晰的图案设计都清楚地表明了女性对于非正式服装更加轻松的着装态度。这件服装中的蝴蝶结运用告别了过去女性化的、烦琐的样貌，充满着20世纪20年代新女性自信活泼的装饰主题元素。

套头衫上蝴蝶结的图案以几何“阶梯式”的样貌出现，弯曲的轮廓带着典型的手工编织不可避免的技术特征。设计师正是利用了这一点，将其风格化，避开了自然主义而倾向于象征特性的符号形象，她后期参与了超现实主义运动在此款设计中就可以看出端倪。

“我在前面画了一个大蝴蝶结，就像脖子上围了一条围巾——原设计草图就像是一幅儿童画。”[6] 夏帕瑞丽说。

夏帕瑞丽穿着这件套头衫参加社交午宴，获得了巨大成功，引来了无数订单。随后，她设计出更多有趣的、带有错视效果图案的针织衫，例如，领带和手帕图案。第一家夏帕瑞丽沙龙在之后不久就开张了，主营时尚运动服装。就像这位设计师后来的许多想法一样，这件套头衫的成功源于她对传统工艺时尚潜力的深入了解。这件针织衫的成功和之后的针织设计都体现出她极佳的创造力与聪颖的智慧。

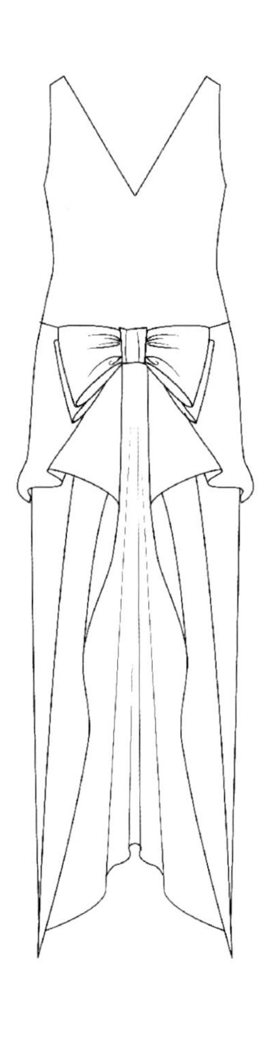

晚礼服

真丝缎
美国，1920—1922年
曾被埃米莉·格里格斯比（Emilie Grigsby）所穿
T.172-1967

这件无袖晚礼服是用华丽的、柔软光亮的真丝缎经过巧妙剪裁处理制成的，还装饰着一个漂亮的蝴蝶结。简洁的领口设计在前面呈弯曲的弧线形延伸至背部形成深V型，将人们的目光吸引至后腰部。裙身的面料被整体拉向裙子后面，并固定在后中位置形成一个自然向两边分开垂落的裙摆，给人一种轻松惬意的感觉。一个精心缝制的双层蝴蝶结被装饰在悬垂的裙摆上方。这种对裙身面料精准的处理方式使裙身廓形变窄，但同时又允许腿部可以自由活动，这一设计特点极其适合那个时期日益流行的社交夜生活跳舞时穿着。这件礼服的设计整体简洁，预示着未来十年时尚将趋向于精简与中性，尤其是无装饰的领口、低腰和收窄的裙身将成为20世纪20年代标志性的服饰特征。1921年2月，*Vogue* 杂志曾指出："在现在的巴黎，没有哪种晚礼服比极端简约的款式更受人喜爱，尤其是那种悬垂式的礼服可以展现出女人最美的身形特质。"接着又补充提醒道："对于这样一件礼服，发型和配饰就变得非常重要。"[7]

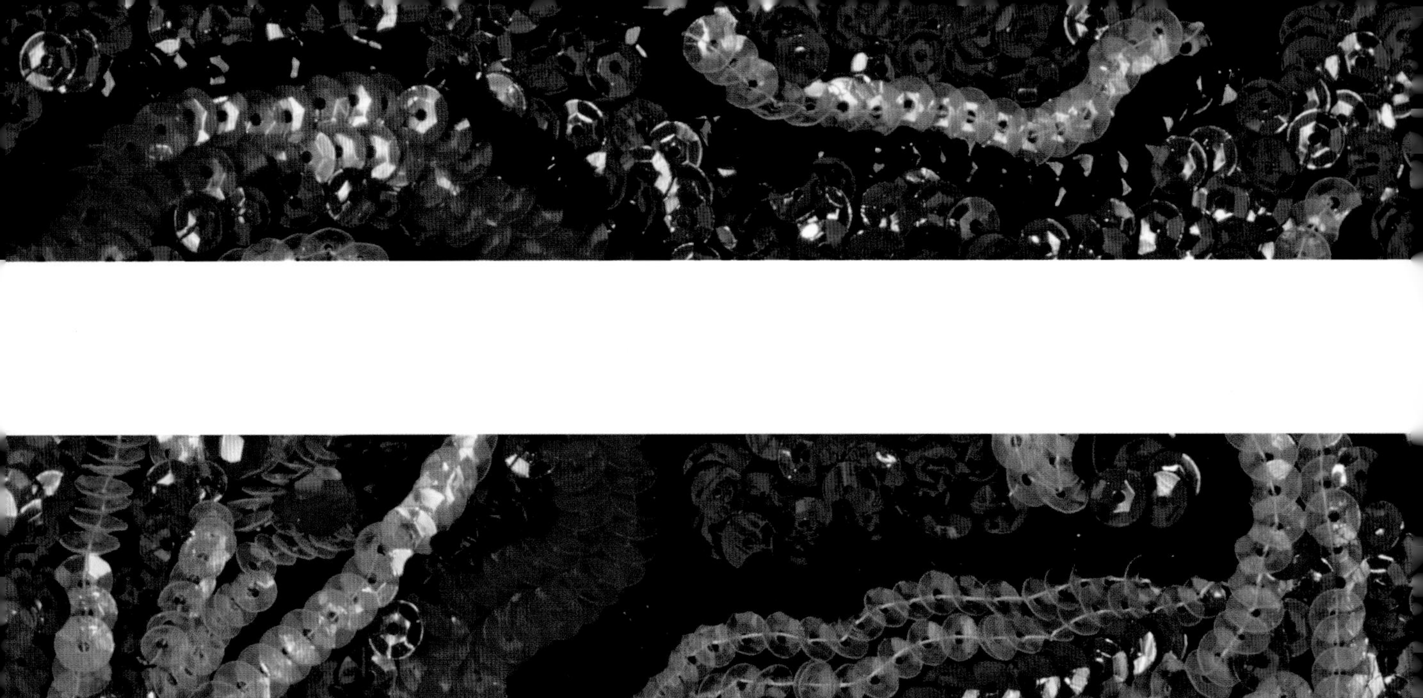

6 珠子和亮片

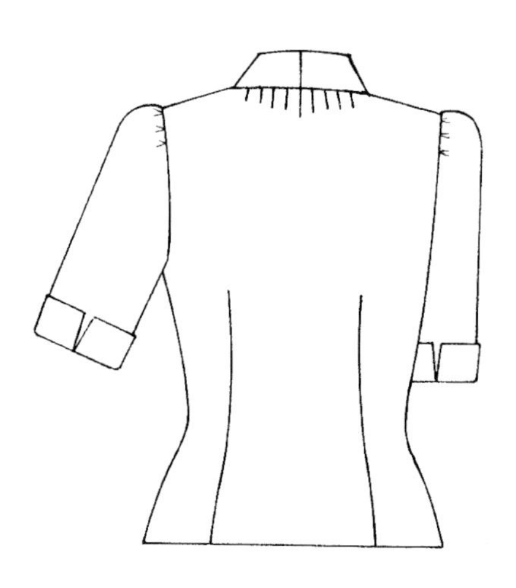

晚装外套

亮片刺绣真丝面料
法国，1939年
曼波彻（Mainbocher）
曾被贝特夫人（Lady Beit）所穿并赠出
T.309-1974

这件由曼波彻设计的短袖晚装外套体现了20世纪30年代末的经典剪裁——收腰设计和宽垫肩。翻边袖口和大而尖的领子同样是那个时代典型的服装设计细节。这件设计简单、剪裁考究的亚光真丝外套上绣有令人叫绝的中式风格的亮片刺绣图案。高度反光、色彩鲜艳的亮片被层层叠叠地排列在一起，构成花卉和叶状的图案纹样。繁复的刺绣图案没有覆盖整件外套的表面，露出的黑色亚光部分将亮片刺绣的颜色烘托得更是绝妙。

高级时装中所有的细节都要处理得极其精致，近乎完美，固定在这件外套前身的四粒纽扣上都分别绣着亮片，与外套的亮片刺绣融为一体，真是令人愉悦、感动。

曼波彻[曼·卢梭·波彻（Main Rousseau Bocher），1890—1976年]是第一位在巴黎开设高级定制时装屋的美国设计师，他为温莎公爵夫人沃利斯·辛普森所设计的优雅服装是最为人称道的作品。这款晚装外套来自曼波彻在巴黎最后一个设计系列中的一件。第二次世界大战爆发时他关闭了时装屋，之后在纽约重新开业。

晚礼服

织有钻石和串珠图案的织锦缎、银色珠钻流苏
英国，1919年
里维尔和罗西特（Reville & Rossiter）
标签信息：宫廷服装制造商Reville & Rossiter有限公司，汉诺威广场，WI
由考德雷勋爵和夫人赠出
T.199-1970

这件1919年设计的银色礼服上有一对平面二维织锦纹样的流苏图案，在它旁边挂着三条闪光的立体的流苏吊坠，是用细小玻璃珠串成的。流苏在当时是非常流行的装饰元素。在这件礼服上设计师巧妙地将平面流苏图案与立体流苏相结合，形成了带有错视效果的视觉图像。

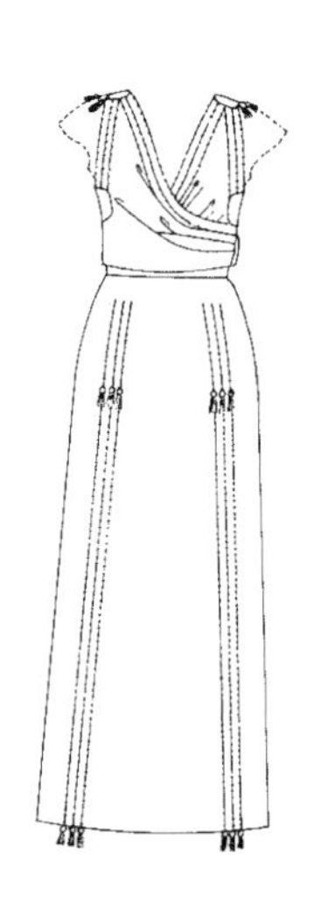

这款艳丽的晚礼服，整身绣满了亮片，把身体包裹得像闪着光的第二层皮肤。金色亮片的背面是银色，层叠间形成流畅的涟漪状鱼鳞表面，反射周围的光线和颜色。亮片被细致排列绣在布面上以强调上身部位的结构线条，在前胸部位有两条喇叭形饰带悬垂弯曲缠绕在腰身两侧并固定在裙身后部。

这件无袖齐地长度的礼服用深蓝色网纱制成，应用绷圈刺绣工艺绣制的亮片。礼服是宽V型领口，低后背剪裁和宽肩带设计。

晚礼服

亮片刺绣网纱

法国或英国，1935/1936年

由大英帝国司令勋章（CBE）获得者蒙哥马利和彭布罗克伯爵夫人赠出

T.343-1960

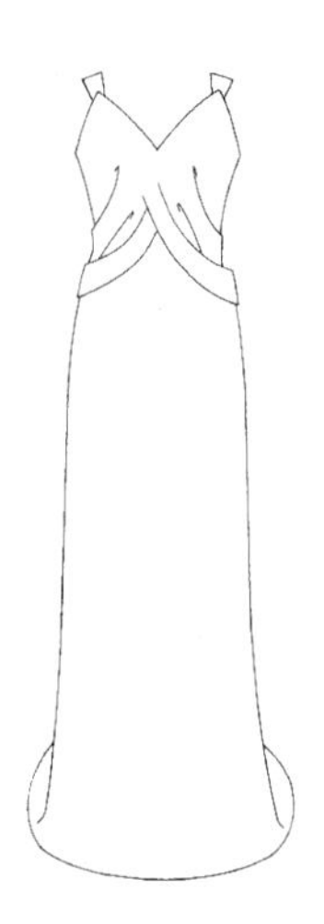

外交宴会礼服

重工钉珠刺绣公爵夫人缎
英国，1957年
诺曼·哈特内尔（Norman Hartnell）
1957年4月，女王陛下对巴黎进行国事访问在爱丽舍宫出席宴会时所穿的礼服，随后是歌剧表演
由女王陛下赠出
T.264-1974

这件由诺曼·哈特内尔设计的象牙色公爵夫人缎晚礼服上绣着华丽的金色和白色的重工珠片绣，女王伊丽莎白二世在1957年对巴黎进行国事访问时曾穿过这件礼服。这件名为“法国大地之花”的礼服上的钉珠刺绣耀眼，细节繁复且工艺精湛，令人眼花缭乱。这些醒目的浮雕般的刺绣主题包括青草、小麦和田间野花的图案，是选用玻璃石、金色的珠子和经过切磨过的各种形状的闪亮珍珠，还有天然珍珠和布料制成的金色花瓣绣出来的。礼服上绣制的蜜蜂（灵感源自拿破仑的个人徽章）身体是用金线缠绕而成的，绣有闪亮的珍珠片翅膀，嵌着金色米粒珠装饰的触角。

晚礼服

烂花面料、亮片、金属亮片和鸵鸟毛（烂花面料出自Bucol公司，重工钉珠绣出自Vermont）
法国，1967秋冬
伊夫·圣·洛朗
标签信息：Yves Saint Laurent
曾被斯坦尼斯洛斯·拉齐威尔（Stanislaus Radziwill）公主所穿并赠送
T.368-1974

这是伊夫·圣·洛朗设计的一件简约无袖迷你裙，裙身布满了细碎的亮片和长长的、呈弯曲状的金属亮片。用米白色的烂花*面料制成的上衣上覆盖着随机排列的珍珠白色亮片和任意散落的绣着闪亮的金属亮片，在领围和袖笼处缝有装饰着碎钻和水晶的饰带。礼服上部开始绣着的白色亮片逐渐渐变成银色亮片，再渐变到底部的黑色亮片，其中还散落地绣着从银色渐变到暗灰色的长的尖状金属亮片。

* 译者注：cigaline：一种面料上制作花型图案的工艺。

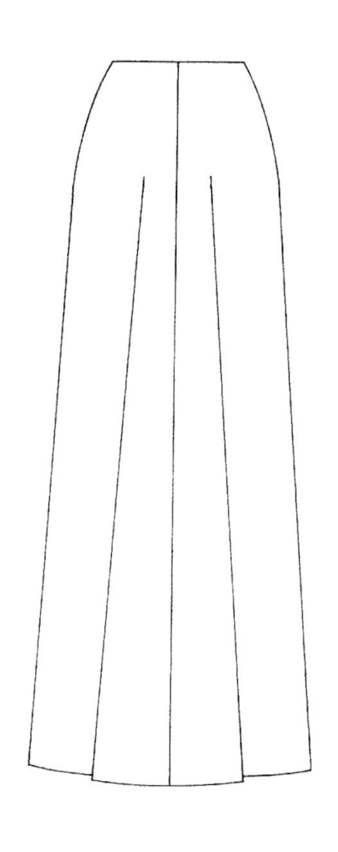

晚装套装

丝绒、水钻、亮片和镀金线
法国，1938年
艾尔莎·夏帕瑞丽
曾被特雷弗·罗珀夫人（之后成为格兰顿达克雷男爵夫人）所穿并赠出
T.398 & A-1974

这款由夏帕瑞丽设计的紫红色丝绒晚礼服外套上绣着色彩鲜艳的花卉主题装饰图案。植物和叶片是用青铜色和金色的细金属线及明亮的金属条绣制的。图案的穗状花序用蓝色和粉色的椭圆形水钻绣成，这些水钻都是按照宝石加工工序制作完成的，并嵌有带爪的宝石底托。此外，外套上还点缀着蓝色和金色的小亮片，前面还系有三粒大的粉色压花金属纽扣，这些纽扣上有凸凹状的花饰纹样。这件外套上巴洛克风格的浓郁金色刺绣图案在深色丝绒的衬托下显得格外华丽。

夏帕瑞丽在对设计美学的极致追求中受到了一系列源自历史和传统刺绣工艺的启发，包括传教士所穿长袍上的华丽刺绣图案。在这身套装中，她“重新使用了几个世纪前的刺绣材料……并重新复刻了16世纪礼拜仪式时教袍上的装饰图案”[1]。夏帕瑞丽用这件传统裁制工艺制成的套装完美地衬托出其上的华丽刺绣，并显示出她极富冒险精神的创意。

这件用黑色欧根纱制成的连体紧身衣上密集重叠地绣着色彩斑斓的亮片，这些紧密排列的亮片组合成极富活力的、流畅的佩斯利纹样图案并覆盖整件紧身衣。这件款式像女士泳衣一样的无袖连体紧身衣是圆领背心式的剪裁设计，并在腰身的一侧缝制有开合拉链。覆盖全身的图案是用黑色亮片绣出图形边缘，中间盘绕排列粉色、蓝色和黄色的亮片，上面还点缀着略带红色的宝石和透明的玻璃珠。

提到格蕾夫人，人们通常会将她与优美的、经典的叠褶和悬垂感十足的晚礼服联系在一起，但这件迷人的礼服展示出她的另一面。这件绣着亮片的时髦“泳衣”被穿在一件样式如同修道院风格的长袍下面，长袍的上衣部分用半透明的黑色欧根纱制成，穿在下面绣有亮片的紧身衣会透出闪烁的光亮。长袍的设计非常具有新意，其飘逸的教袍式袖子和上衣的过肩都是用较脆弱的欧根纱制成的，而上衣部分的欧根纱需要承受裙身的重量，裙身是用天鹅绒裁制成的落地长度的巨大圆摆长裙。

晚装

透明硬纱、天鹅绒、亮片和切割面玻璃珠
法国，1965年
格蕾夫人（Madame Grès）
标签信息：Grès，和平街1号
由格蕾夫人赠出
T.248&A-1974

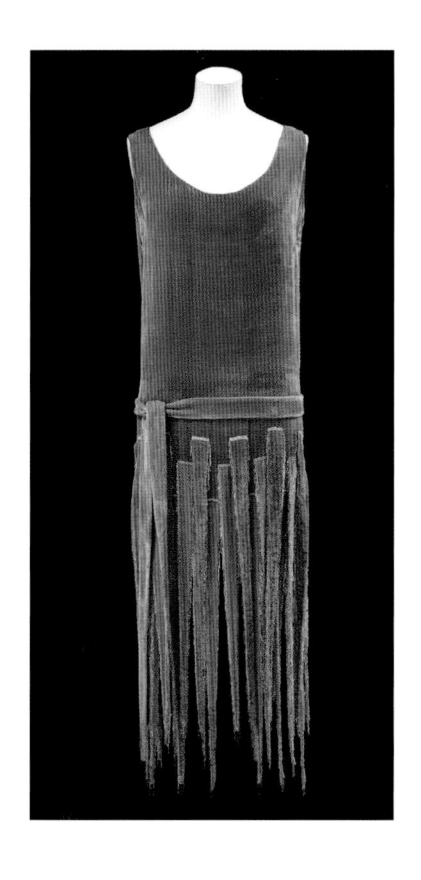

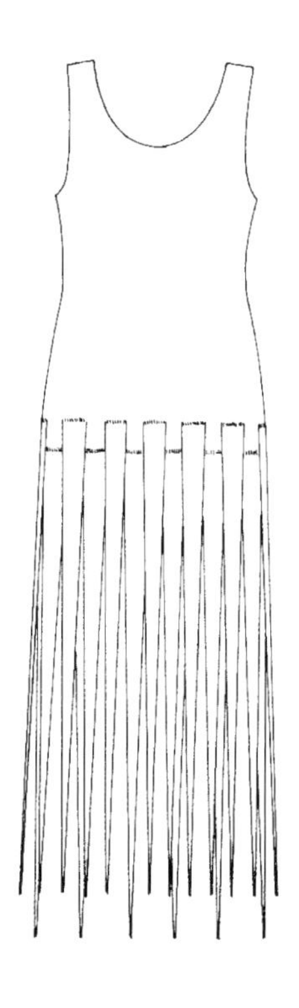

晚礼服和腰带

真丝天鹅绒、真丝和串珠流苏
法国，1926—1927年
曾被埃米莉·格里格斯比小姐所穿
T.139-1967

这件鲜艳的橘色丝绒“摩登女郎”（Flapper）连衣裙裙摆是由边缘处饰有小珠子的橘色和桃色丝绒裁条组合成的。这些裁条交错排成三列，用明黄色和桃色丝线缝在衣服上。每条裁条都逐渐变细至底端尖点，内衬亮黄色的真丝里布。裁条的边缘装饰着精美的金色管状珠串成的流苏，修饰和加重裁条的垂摆效果，突出了这件连衣裙的线性风格。

在20世纪20年代中后期，装饰有精致珠饰和流苏的舞蹈服装是一大流行趋势。流苏在当时特别受欢迎，因为它们可以对舞者的每一步移动都有灵动的回应，吸引人们注意舞者的动作。同样，华丽的珠饰也被广泛使用，因为在运动中珠子能抓住光线，以一种令人迷醉的方式闪烁。在那个时代，流行充满活力的舞蹈，尤其是查尔斯顿舞，穿短裙的腿部就可以自由活动——这种特别的设计非常适合跳这类动感十足的舞蹈时穿着。

这条裙子的主人是埃米莉·格里格斯比小姐，她是一位富有而独立的女性，想象一下，拥有“无暇白净的美貌和金色头发”[2]的她穿上这件爵士时代的华丽服装一定能迷倒众生。

新娘礼服修身短上衣

丝缎钉珠
法国，1946年
皮埃尔·巴尔曼
由埃德南子爵夫人斯特拉（Stella, Lady Ednam）赠出
T.46&A-1974

这件白色丝缎制成的新娘礼服短上衣上点缀着小巧闪亮的珍珠。它应用串珠和绗缝工艺将一串串小珍珠绣在短上衣上形成简洁的扇形图案，每个扇形的交接点上缀有一颗较大的珍珠，在其两侧还嵌有两颗小珍珠。这里可以看出巴尔曼对于钉珠装饰的微妙设计和克制处理，并使用传统的白色丝缎和珍珠材料相结合，创造出新的时尚风格。

这件礼服短上衣采用修身式剪裁，设计有高的V领口、宽肩、长袖，袖口上缝有一条短拉链，将袖口收紧在手腕处。

晚礼服和夹克

"Maxim's"*，天鹅绒、真丝和亮片
法国，1961秋冬
马克·博昂（Marc Bohan）为克里斯汀·迪奥设计的礼服
标签信息：Christian Dior，巴黎
T.130&A-1974

黑色亮片和黑色管状玻璃珠的拼缝装饰构成了这件1961年迪奥晚装的密集图案。黑色真丝制成的短裙和夹克上重叠绣着数以千计的亮片，并覆盖整身创造出一种单色的纹样图案。这些亮片从不同的方向精心排列，形成了菱形格子样式的图案设计。在由黑色亮片重叠形成的密集"地面"上还排列绣着管状玻璃珠构成的平行线，这些用珠管勾勒出的平行细线与亮片交织在一起像一条条狭长的饰带。

* 译者注：这套礼服名为"Maxim's"，是设计师向克里斯汀·迪奥设计的第一个系列中的一件名为"Maxim's"的晚礼服表达敬意。

晚礼服

人造丝针织衫、串珠安全别针、球链和钻饰
英国，1977年
桑德拉·罗德斯
标签信息：Zandra Rhodes的样衣，由设计师本人赠出
T.66-1978

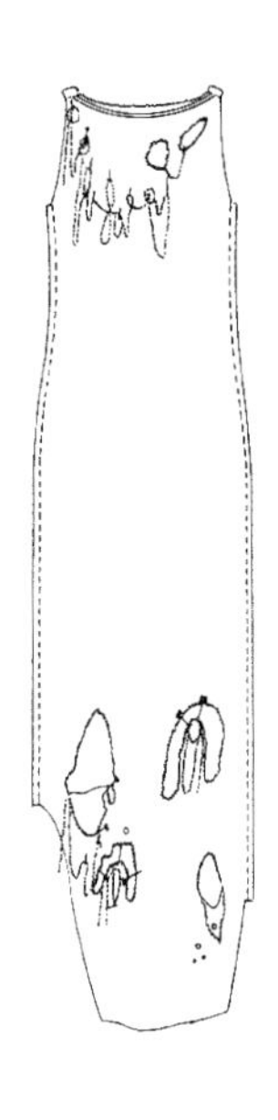

桑德拉·罗德斯设计的这件朋克风格连衣裙，其上身和下摆处故意装饰有“撕破”的图案，图案的边缘用蓝色棉线应用专用机缝出Z字锯齿线迹。银色球链穿过饰有珠子的金色安全别针的回形孔与别针环绕在一起，被悬挂在连衣裙上，裙身上还缝有到处随意散落的闪光小碎钻。连衣裙是用一种人造丝制成的针织面料裁制的，这种面料的特性是具有弹性且很柔软地贴合在身体上，可以令人在不裸露肌肤的情况下仍会呈现出诱人的魅力。

舞裙

钉有珠子和亮片的细棉布
法国，约1925年
由J.J.阿瑟·艾尔斯夫人赠出
CIRC.14-1969

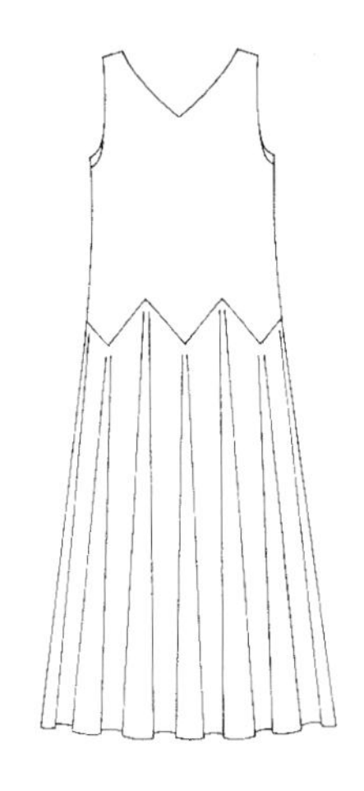

这件20世纪20年代的舞裙上精心装饰着丰富而充满活力的珠饰图案。长裙的上半身到收腰位置用淡蓝色质地细织棉布制成，上面几乎被复杂的、风格化的多角星和十字花形图案所覆盖，与长长的椭圆形的卵状装饰图案交替出现。白色、金色和蓝色的冷色配色，以及布满上身微小的宝石般的玻璃珠，让人想起古老的带有永恒之美的马赛克或镶嵌作品。

这件设计简约的无袖连衣裙下半身是斜裁的宽下摆裙子，用金色和白色的珠子在腰部勾勒出Z字形线条。深蓝色棉布制成的裙身与散落装饰在其布面上的透明玻璃珠形成了一种较戏剧化的对比效果。

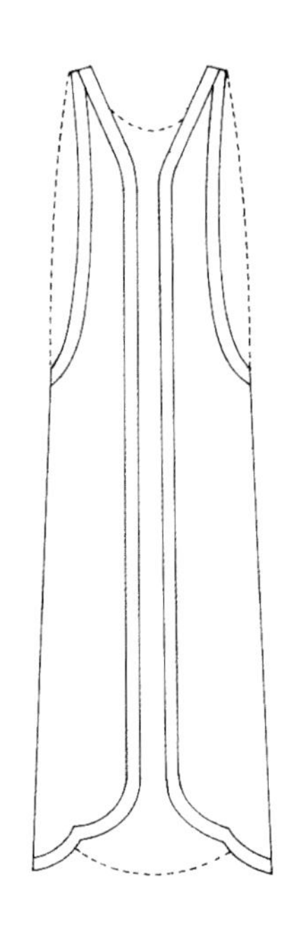

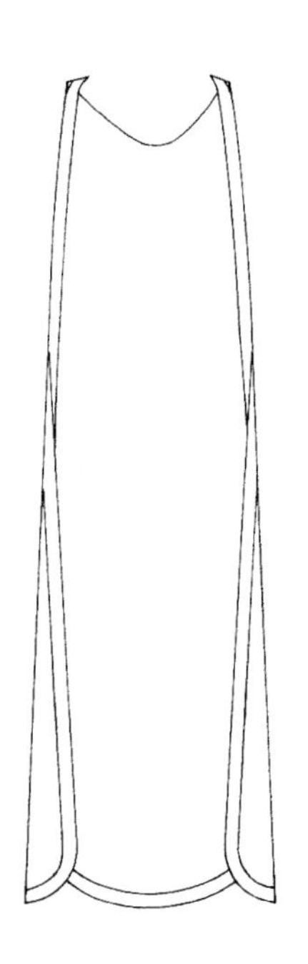

晚礼服罩衫

网纱、管状珠饰、亮片和珍珠
大概是出自法国的设计，1926年
曾被黛西·肯尼迪（Daisy Kennedy）所穿，
由她的女儿T.莫伊萨维奇夫人赠出
T.239-1982

这件1926年的无袖网纱罩衫上面用珠子和亮片精细地绣着一只色彩鲜艳的紧贴在花茎上歌唱的小鸟。极小的蓝色和蓝绿色管状米粒珠排列组成了鸟的身体，它的喙和爪子是由金色珠子绣出来的。闪亮的明胶亮片突出了它凸出的翅膀、尾巴和胸部，红宝石珠子的眼睛明亮无比。

小提琴家黛西·肯尼迪在一件无袖真丝缎连衣裙外面穿上这件闪闪发光的、单薄的罩衫。演奏会上，灯光会随着串珠折射光彩，吸引着观众的注意力。在一幅肯尼迪的当代肖像画上，她穿着这件罩衫看起来非常美丽，画面上可以看出她是用一个很好搭配的、华丽的圆形装饰别针将罩衫的前襟扣合在臂围处。

在蝉翼般的橙色网纱上，设计有生动的花卉绿植主题图案，精选绿色、琥珀色米粒珠绣出摇曳的灌木丛，并用桃色珠和亮片点缀装饰着。这种半自然主义的设计和灵动的钉珠装饰工艺流露出受东方艺术气息的影响。

晚装睡衣

亮片绣真丝面料
美国，1994春夏
阿诺德·斯嘉锡（Arnold Scaasi）
标签信息：Arnold Scaasi，由设计师赠出
T.74:2-1999

这件晚装睡衣是用真丝制成的，上面印有醒目的热带棕榈叶和鸟类图案。整件睡衣的表面包括卷边上都绣满透明的亮片。虽然周身覆盖着亮片，但被盖在下面的生动画面仍可透过其材质清晰可见，增添了一种欢快的闪亮效果。

阿诺德·斯嘉锡出生于加拿大，身居纽约，是凭戏剧化的晚礼服设计而闻名的设计师。早在20世纪60年代，他就在自己的系列中推出了女性礼服裤装的设计款式，其中最著名的是芭芭拉·史翠珊在1969年接受奥斯卡颁奖时所穿的睡衣套装。

斯嘉锡曾为五位美国第一夫人设计服装，他擅长为精英客户定制晚礼服，用色极为大胆是他的标签式风格。他选用同款面料制成超长款流苏披肩来搭配这件睡衣，在腰部还配有一个大胆的蝴蝶结装饰。

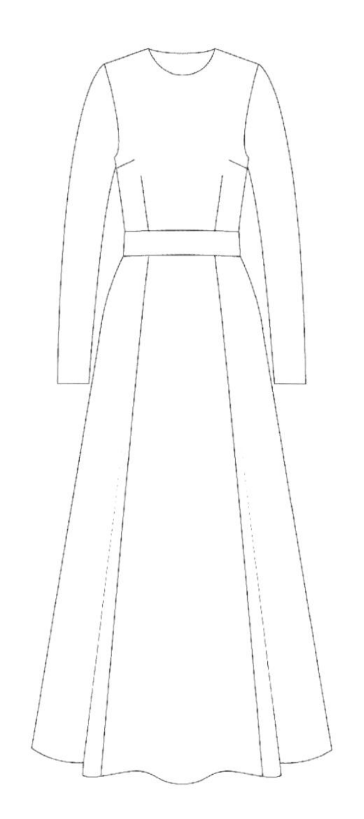

晚礼服

羊毛绉、真丝和缎面刺绣
法国，1938年
曼波彻
曾被格伦德文夫人所穿
T.308-1974

设计师曼波彻用精致的金色图案装饰这条黑色真丝缎长裙。裙身上的金属刺绣图案是用管状米粒珠勾勒出边框，再用小亮片将内部绣满构成的装饰图形，在图形的中间还环绕钉着大的塑料质地珠钻。虽然塑料材质似乎是一种不常用的材料，它被用来装饰一件精致的高级定制裙，在当时实属创新又大胆的尝试。它会令整身的重工刺绣变得轻盈，相比传统的金属刺绣更适于穿着。礼服上无形的漩涡图案让人想起中国传统艺术中代表吉祥和幸运的祥云纹样。

这个刺绣纹样让人联想到曼波彻的另一件代表作品上的刺绣图案，那是一件亮片刺绣外套，馆藏编号T.309-1974（146-147页）。

这件礼服的主人是丽莎·毛姆（Liza Maugham），也就是后来的格伦德文夫人（Lady Glendevon），她是小说家W.萨默塞特·毛姆（W. Somerset Maugham）和室内设计师西利·毛姆（Syrie Maugham）的女儿。她以自己的风格而闻名，并曾资助查尔斯·詹姆斯和艾尔莎·夏帕瑞丽等顶尖的时装设计师。1936年，夏帕瑞丽为她与文森特·帕拉维奇尼（Vincent Paravicini）的婚礼设计了礼服。

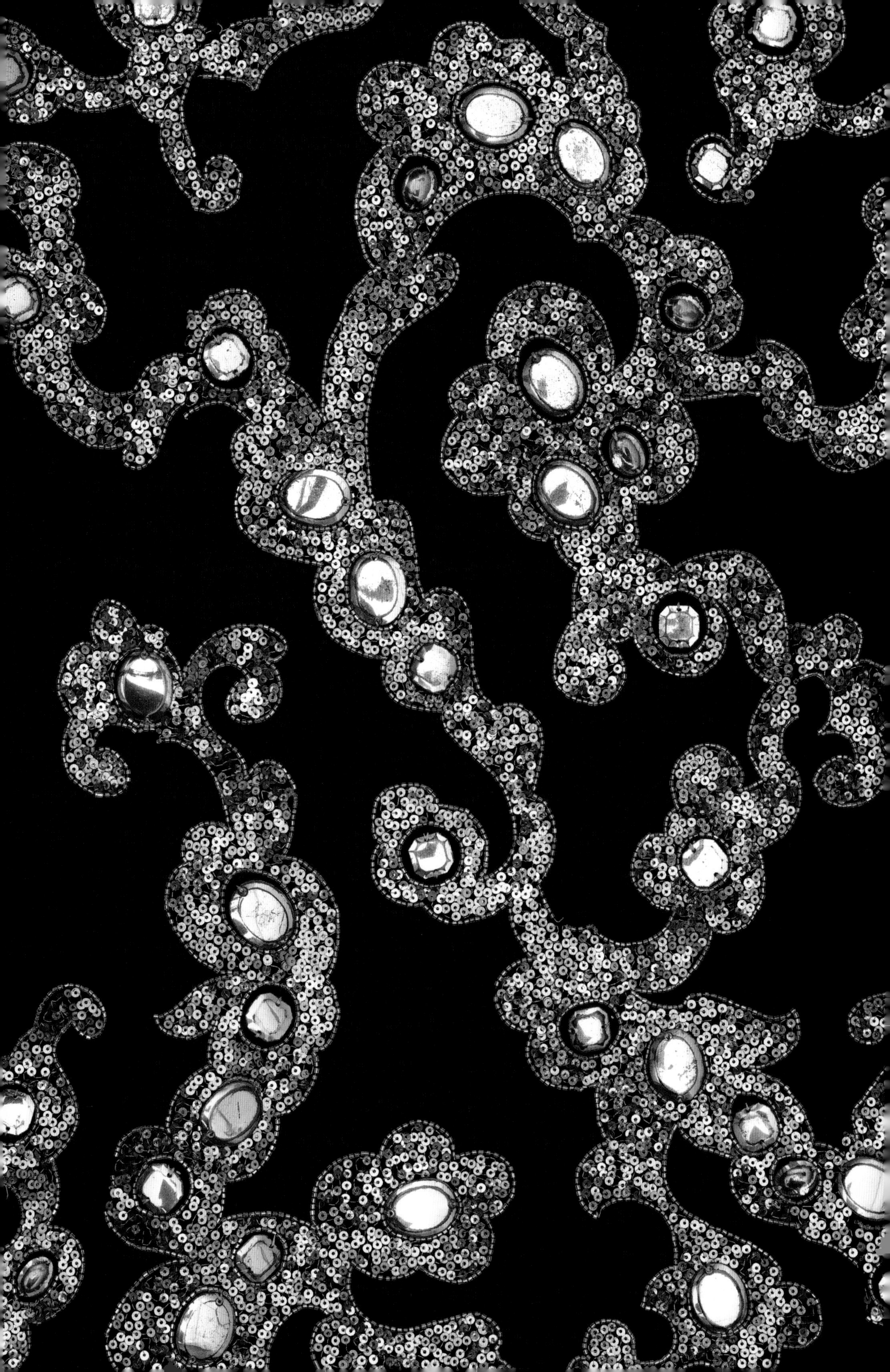

夹克

拉链、亮片面料
法国，1991春夏
卡尔·拉格斐为香奈儿所做的设计
标签信息：香奈儿精品店，由品牌赠出
T.590-1993

这件夹克的表面被作为主色调的黄色亮片完全覆盖，宛如水面上的波光闪闪发亮。这些亮片被缝在一种用涤纶和弹性纤维织成的弹力面料上，制造了一种弹力氯丁橡胶饰面的感觉。在这款夹克上嵌有黑色的罗纹织带将黄色的亮片分隔开，并勾勒出接缝和前身两侧三个水平的装饰口袋贴边。

这个系列重新诠释了经典的香奈儿夹克，其灵感来自运动服，特别是氯丁橡胶潜水衣。拉格斐的模特们拿着香奈儿品牌的冲浪板走在T台上，传统搭配的短裙被弹力紧身裤和自行车短裤所取代。超模克里斯蒂·特灵顿（Christy Turlington）曾穿着这件夹克，映衬着闪闪发光的蓝色大海，拍摄了香奈儿1991春夏广告大片。

连衣裙

钉珠和亮片绣蕾丝
意大利，1992秋冬
华伦天奴（Valentino）
标签信息：华伦天奴高级定制
T.95-2012

这条连衣裙由黑色蕾丝制成，以蝴蝶和花卉图案为主体，配以精致的真丝网纱和米色雪纺。裙身贴合身形，裙摆呈喇叭形。在编织的蕾丝图案上绣着精美的管状米粒珠和亮片。

设计师华伦天奴·格拉瓦尼（Valentino Garavani）在让·德塞斯（Jean Desses）的高级时装沙龙接受培训后，于1959年在罗马创立了自己的高级时装屋，并很快以其奢华优雅的工艺而闻名。1989年，他将自己的高级定制时装系列从罗马搬到巴黎，加入巴黎高级定制时装工会的官方日程系列展示名单中。这条连衣裙出自他的1992秋冬高级定制时装系列，以黑色为主，饰有金属线刺绣和亮片点缀。这个设计系列中的一些礼服都用到了相互穿插交织的真丝织带做装饰，正如这件连衣裙的肩带也用到了这种装饰工艺。这两条肩带在后背交叉编织在一起形成了一个方形的图案。

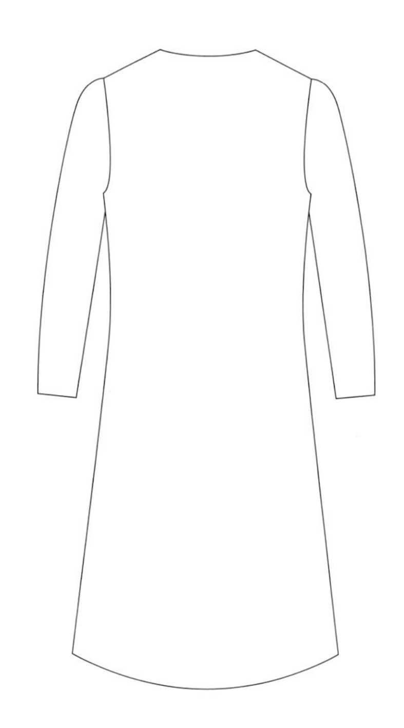

礼服外套

雪尼尔刺绣
（由Rébé刺绣工坊绣制）
法国，1964秋冬
伊夫·圣·洛朗
标签信息：Yves Saint Laurent，巴黎
曾被洛尔·吉尼斯夫人所穿并赠出
T.366-1974

这件短款外套用金线和金属亮片绣成豹纹图案的黑色雪尼尔面料制成。衣身上绣满了金线，在金线上穿插钉着亮片，外套里衬用黑色真丝制成。动物纹样图案是伊夫·圣·洛朗设计作品中反复出现的主题，这件用黑色雪尼尔制作的外套上生动呈现了豹纹纹样的刺绣图案，通过有层次的金线刺绣和亮片装饰创造出斑纹的效果。这件刺绣成品是Rébé刺绣工坊为圣罗兰绣制的，它和著名的Lesage刺绣工坊一同被视为20世纪巴黎最顶尖的刺绣工坊。勒内·贝盖（René Bégué ，1887—1987年）于1907年创办了Rébé刺绣工坊，他是克里斯汀·迪奥高定时装屋中最受欢迎的刺绣师，伊夫·圣·洛朗在那里第一次遇见他。圣·洛朗在建立了自己的时尚事业后，继续聘请Rébé为其创作精美的刺绣，直到勒内·贝盖于1967年退休。

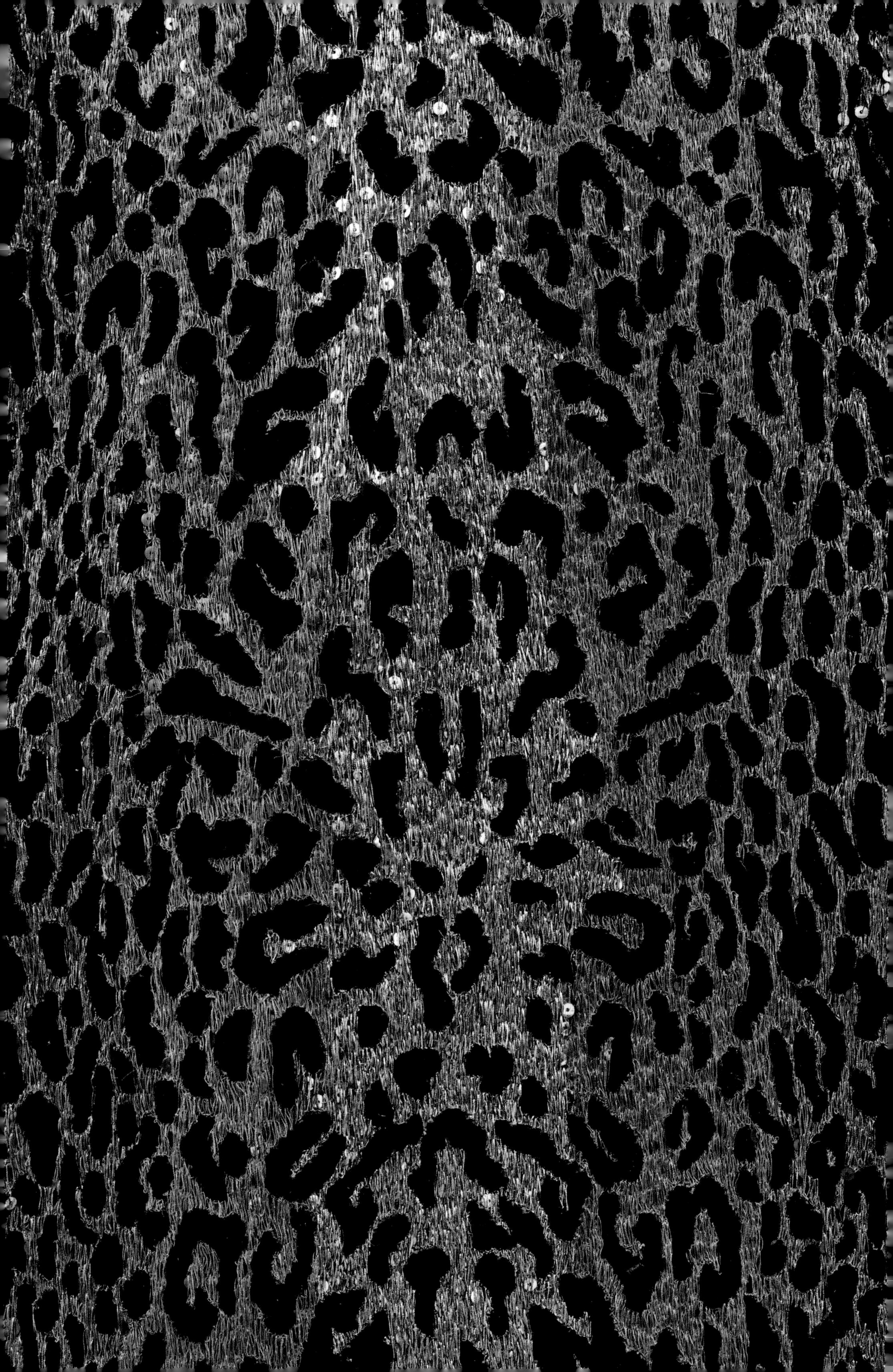

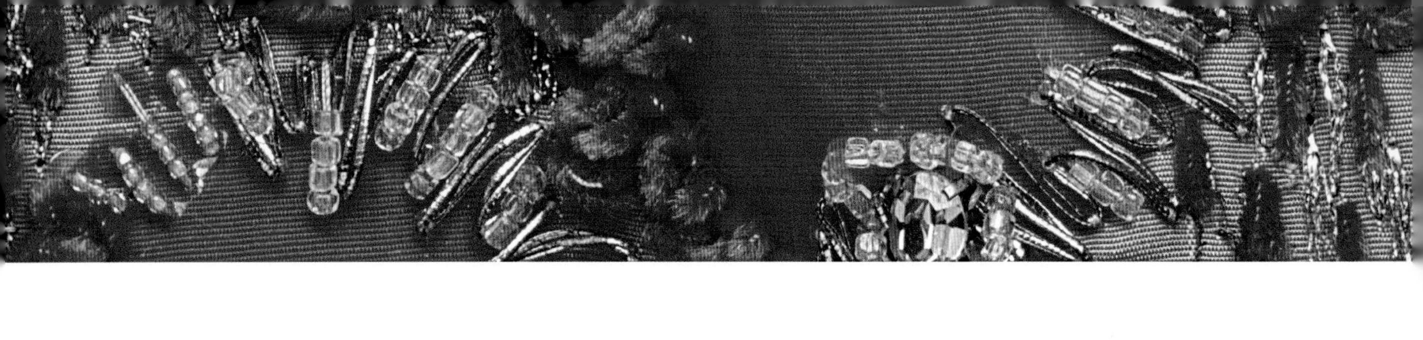

7 装饰工艺

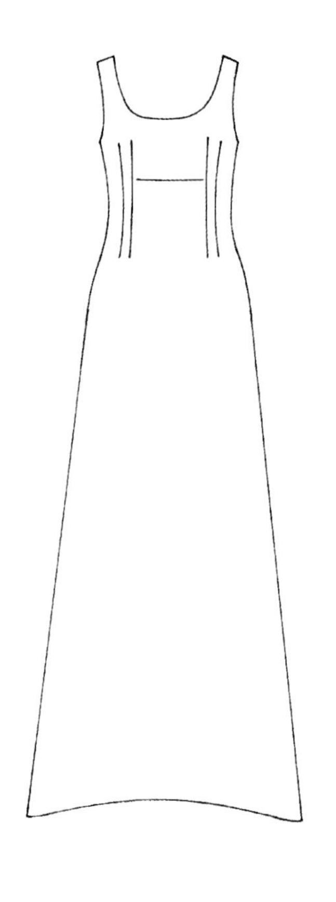

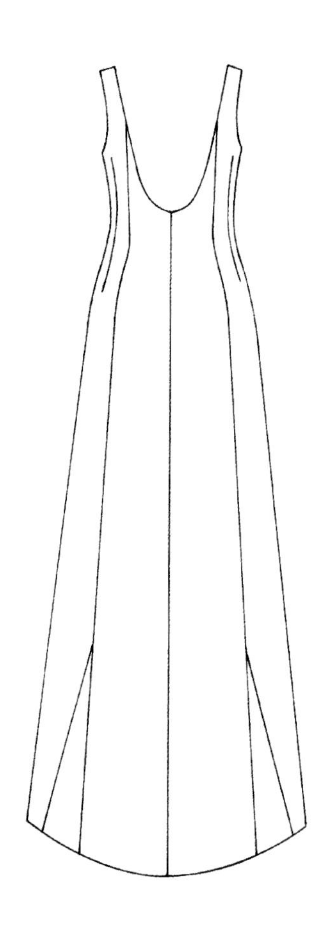

晚礼服

真丝、网纱、羽毛和珠子
法国，1960秋冬
于贝尔·德·纪梵希（Hubert de Givenchy）
标签信息：Givenchy，巴黎，法国制造
曾被洛尔吉尼斯夫人所穿并赠出
T.224-1974

这件引人注目的 Givenchy 深色晚礼服是由午夜蓝色真丝和织有斑点的黑色网纱制成的。整件礼服用较粗的黑色丝线和金属线平铺绣满重复的锯齿状图案，图案之间还穿插绣着玻璃珠管和环形珠。泛着彩色光亮的墨绿色小公鸡羽毛饰满整件礼服，每一根羽毛的羽根都被牢固地绣在礼服上顺势垂下。礼服的上身选用的是较细小和轻柔的羽毛，随着礼服向下延展，所用的羽毛逐渐变得较长和弯曲，这也是为了强调其柔和的廓形设计。

自然弯曲的羽毛和羽毛表面呈现出的金属光泽创造出一种灵动飘逸的效果。在许多不同的文化中，羽毛一直被用来装饰服装，震慑人的心灵。纪梵希利用公鸡羽毛的装饰性和原始特性，设计了这件极富戏剧性的高级定制礼服。

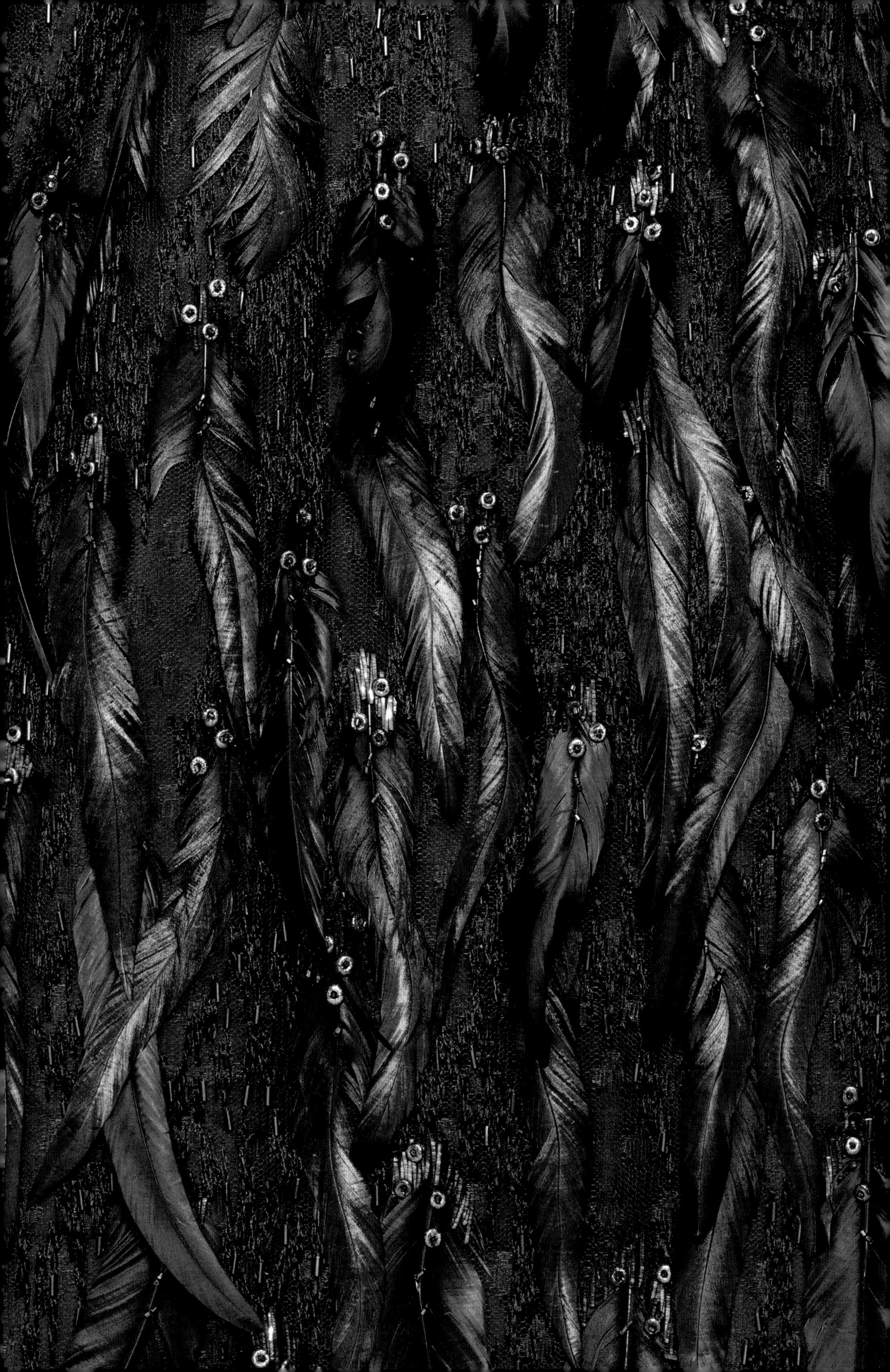

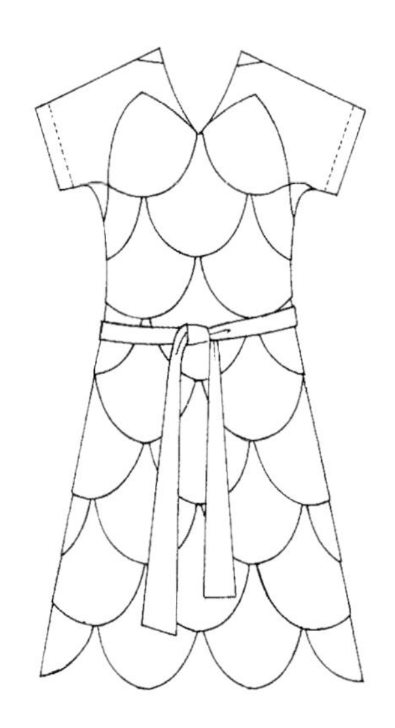

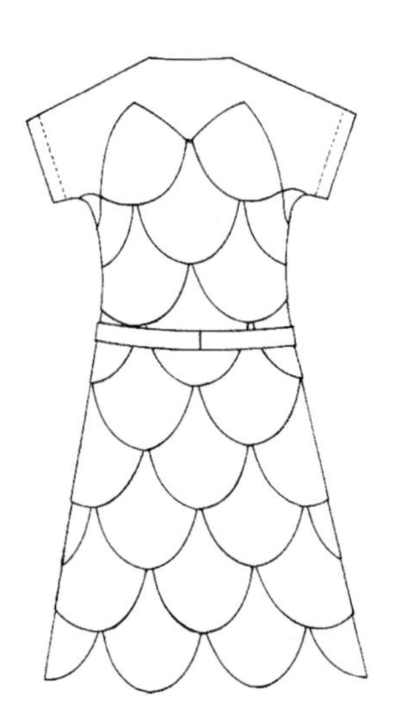

夏日连衣裙

贴花装饰的细棉和网纱
法国，1920年
玛德琳·维奥内特
由乔姆利侯爵夫人西比尔赠出
T.444+A-1974

这件名为“花朵（La Fleur）”的连衣裙，是一件用浅色细棉布制成的层次分明的夏日连衣裙。在用网纱制成的底部裙身上缝有数片层叠的棉布制成的扇形花瓣。在每一片花瓣上都有一个精致的贴花图案，是盛放在花盆中的花朵图案。借助不透明与模糊之间的微妙对比，这些简单的装饰图案呈现出一种单色的，如剪影般的效果。贴花图案的制作是将小块棉布手工缝制在面料的反面，用细线缝合勾勒出图案的边缘，缝合图案时用的是多股线，目的是将针孔撑开放大形成由小孔排列组合成的边缘线，类似的装饰缝合工艺同时被应用在每片灵动的花瓣卷边上。

整个20世纪20年代，玛德琳·维奥内特创造的高级定制系列展示了她对服装装饰工艺技术的娴熟掌控。从这件“花朵”可以看出，维奥内特从不允许装饰图案压倒她的创作概念，而是用一种微妙而谨慎的方式来使用装饰工艺以达到最佳效果。

这件精心制作的连衣裙呈管状的宽松式剪裁，是20世纪20年代的标志性设计廓形，连衣裙是V型领口，短袖并配有一条宽腰带。这是一件极富灵感的创意作品，需要技术超高的缝纫工匠才能将设计理念精准地表达出来。

晚礼服夹克

真丝天鹅绒和紫色绉
法国，1938年
艾尔莎·夏帕瑞丽
曾被艾尔莎·夏帕瑞丽女士所穿并赠出
T.51-1965

这件由夏帕瑞丽设计的夹克上有完整的立体刺绣图案，是用闪亮的淡紫色金属条排列缠绕绣制而成的。在深紫色天鹅绒的衬托下，夹克显得非常华丽且极富吸引力。较夸张的、大规模刺绣花朵都是用宽金属条（一种闪光的金属质感面料制成）缠绕着厚的内衬垫（有些花朵上的金属条已经分离开露出了包裹着的内衬垫）绣制成的。有些花朵上的淡紫色金属条已经被磨掉或褪色，露出了原来的银色表面。

这件剪裁合身、长至臀部的夹克从款式上来说是很普通的，但这更容易将人们的注意力聚焦在翻领和袖口处那惊艳众人的刺绣装饰上。帕尔默·怀特（Palmer White）在评价著名的 Lesage 刺绣工坊时曾这样评价夏帕瑞丽："在推广刺绣方面，艾尔莎·夏帕瑞丽做得比任何一位时装设计师都多。"[1] 在这件夹克上还有夏帕瑞丽的另一种典型风格设计：用来扣合夹克的天鹅形状纽扣。

从夏帕瑞丽的作品我们可以看出，她是如何全身心地将最美好的绘画与装饰艺术结合起来的。她积极费力地找寻那些已经被遗忘的工艺技术和匠人们，以制作出能达到她设计标准的那一件件传世佳作。她为这些传统注入了新的活力，她毫不畏惧，故意将新旧技术和材料进行挑衅性的组合，并与引人注目的设计和醒目的色彩组合进行搭配。

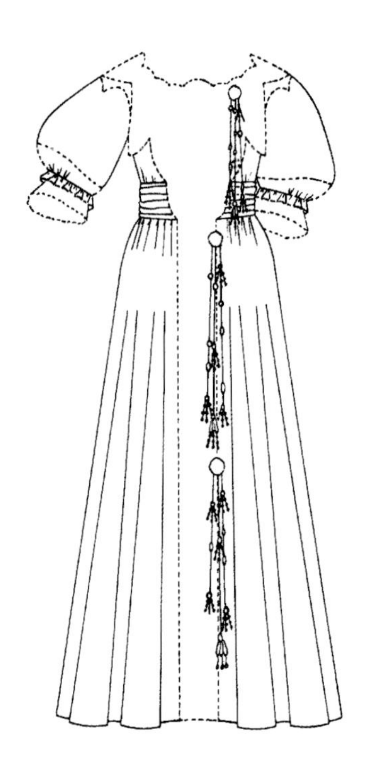

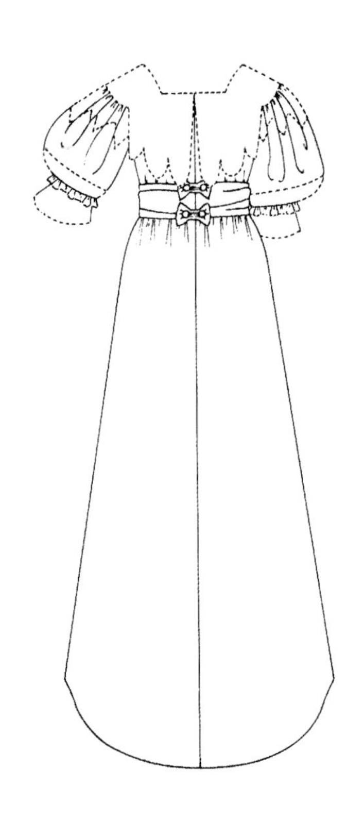

新娘礼服

中国真丝塔夫绸、复兴款式蕾丝和流苏
英国，1909年
帕尔·亚当斯（Peal Adams）夫人曾在1909年自己的婚礼上穿着此款礼服，后由她的朋友们赠出
T.52-1957

在1909年的一场婚礼上，这件用精美的中国真丝制成的礼服似乎是从19世纪末的晚礼服改制而来的。新娘成功地将17世纪服饰中借鉴的风格理念与1909年非常流行的元素结合在一起。宽大的奶油色意大利真丝装饰花边（17世纪早期热那亚绕线管花边工艺编织的几何形的蕾丝花边）装饰在礼服前中部位和领口处。三条错综复杂的长流苏被固定悬挂在礼服的左侧，自然地向下垂摆着。这三条精致的流苏是用象牙色真丝线捻制而成的一根粗绳，绳上挂着丝线编织成的结扣和小球，还有丝线制成的小绒球。这种类型的装饰在当时非常流行，正如英国女性杂志*The Lady's Realm*在1907年曾发表评论称："在刺绣之后，编绳和流苏在服饰装饰方面占据了最重要的位置。"这类时尚期刊和指南还会介绍指导不富裕的人如何运用真丝或棉线自己动手制作流苏和装饰图案的方法。精致的塔夫绸上有柔和的粉色、蓝色、绿色和黄色的花朵和花环图案，在蕾丝的覆盖下，仍然能看到镂空处隐约透出的塔夫绸上迷人的图案这些极富吸引力的图案是先将经线进行染色处理后再编织进面料而得到的模糊效果。

在服装史中，对服装的拆解和重新缝制是极其重要的一部分。对于这件婚纱来说，将19世纪末和20世纪初的材料和装饰并置有着极高的技巧要求。这件齐地长礼服是低胸露肩式设计，有宽松至肘部长度的袖子，在袖口处缝有用塔夫绸制的叠褶装饰窄边，在窄边下还饰有19世纪末期又再度兴起的绕线管工艺花边蕾丝，形成一个较深的悬垂袖口。在1908—1909年的时装趋势中，人们倾向将腰线略微抬高，所以这件礼服的裙身被收拢在高腰腰线位置上，并在腰部缝有褶皱的饰带，腰部饰带环绕至礼服后中，用两对蝴蝶结式扣袢和新艺术风格纽扣以扣合固定。

这件带有美丽、柔和色彩花朵图案和走动时会沙沙作响的真丝塔夫绸礼服，在受到历史服饰浪漫主义风格的影响下得以改造，并饰有女性化流苏和蕾丝（仅是装饰用蕾丝花边），成就了这款精致迷人的新娘礼服。

夏日连衣裙

亚光真丝绉
法国，1932—1934年
玛德琳·维奥内特
曾被多佛考特夫人所穿，后以本人名义由艾米·伯德夫人代为赠出
T.197&A-1973

这件浅蓝绿色的亚光绉夏日连衣裙是玛德琳·维奥内特艺术作品中的杰出范例。在连衣裙前胸、后背和袖子上都装饰着复杂的菱形网格图案，这些图案利用抽丝工艺在面料斜纹方向上抽取经纬丝的方法精心绣制而成。相较传统的剪裁方式，这款连衣裙设计有一个呈锯齿状的过肩连接着上衣，为穿着者的肩部提供了更灵活和柔韧舒适的活动空间。维奥内特创新应用的斜向抽丝工艺使亚光真丝绉面料（按照她的设计规格编织的面料）紧密跟随身体的轮廓。

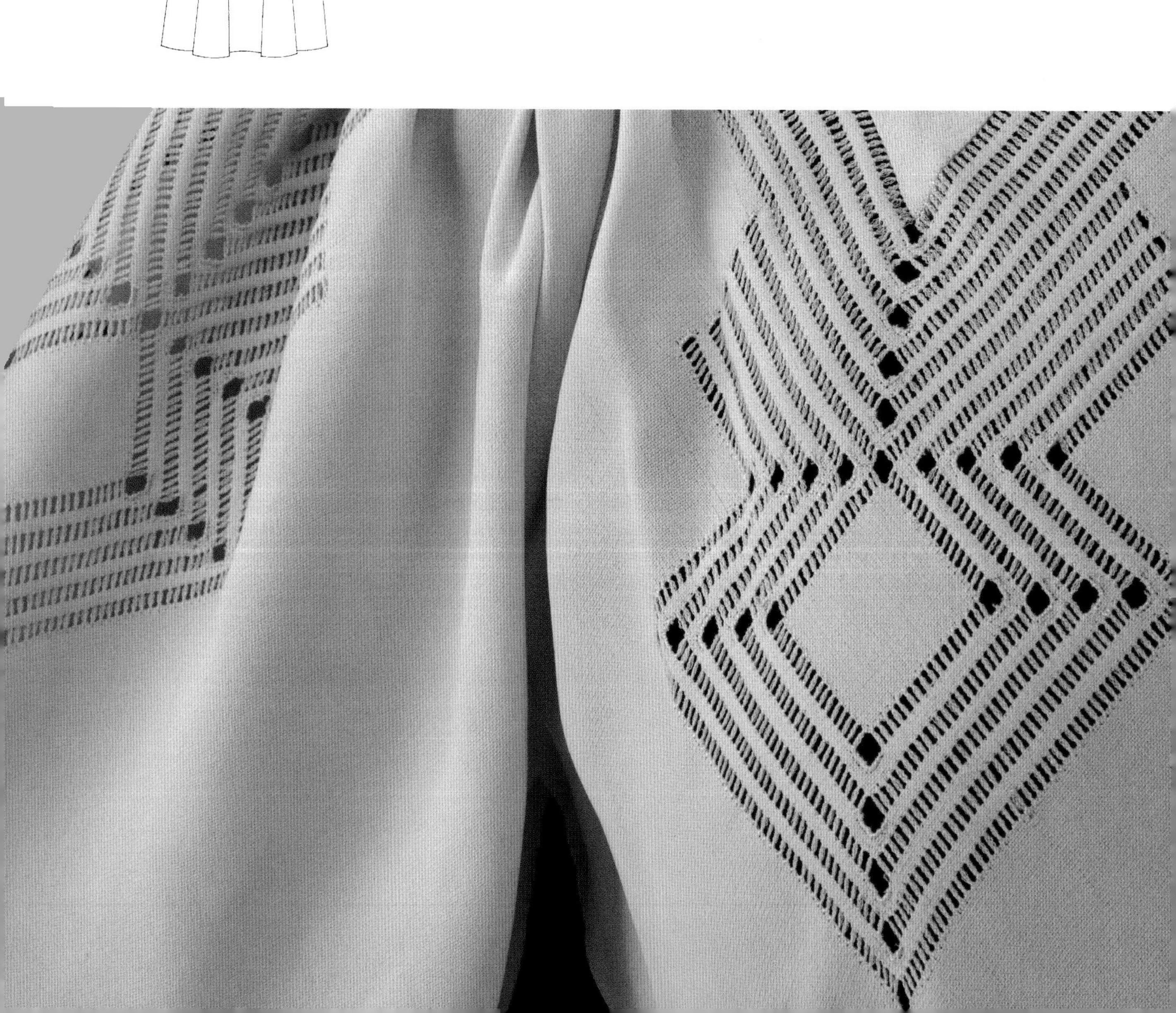

1907年，由帕奎因夫人设计制作精良的日间套装（最初的设计被命名为“Sybille”）的夹克上应用盘绳绣工艺绣制的抽象图案。闪亮的细绳被盘绣在亚光的底布上，底布是素雅的浅灰绿色的羊毛面巾面料；这是一个较大的弯曲盘旋于夹克之上的图案，在胸部和袖子上还贯穿排列有很多用细绳绣成的斜线。在刺绣工坊内，技艺纯熟的缝纫女工将这些细绳非常精准地盘绣在面料上，令这款设计在淡雅与装饰性之间达到了令人满意的平衡效果。

步行套装（夹克和裙子）

羊毛面巾面料和盘绳绣
法国，1907年夏
帕奎因夫人（Madame Paquin）
曾被亨利·保罗·卡林顿夫人所穿
由H.卡林顿小姐赠出
T.73 to C-1967

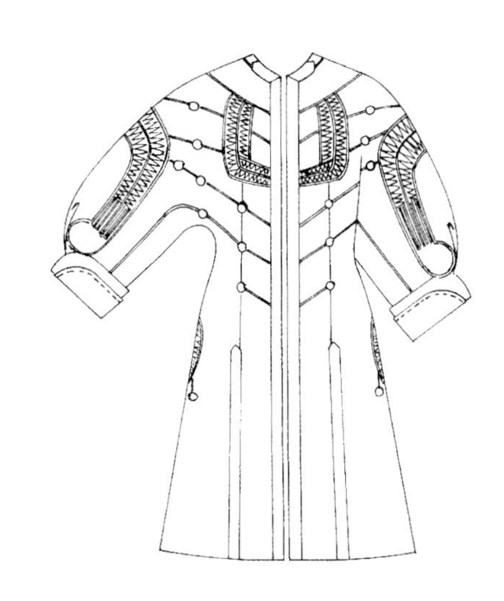

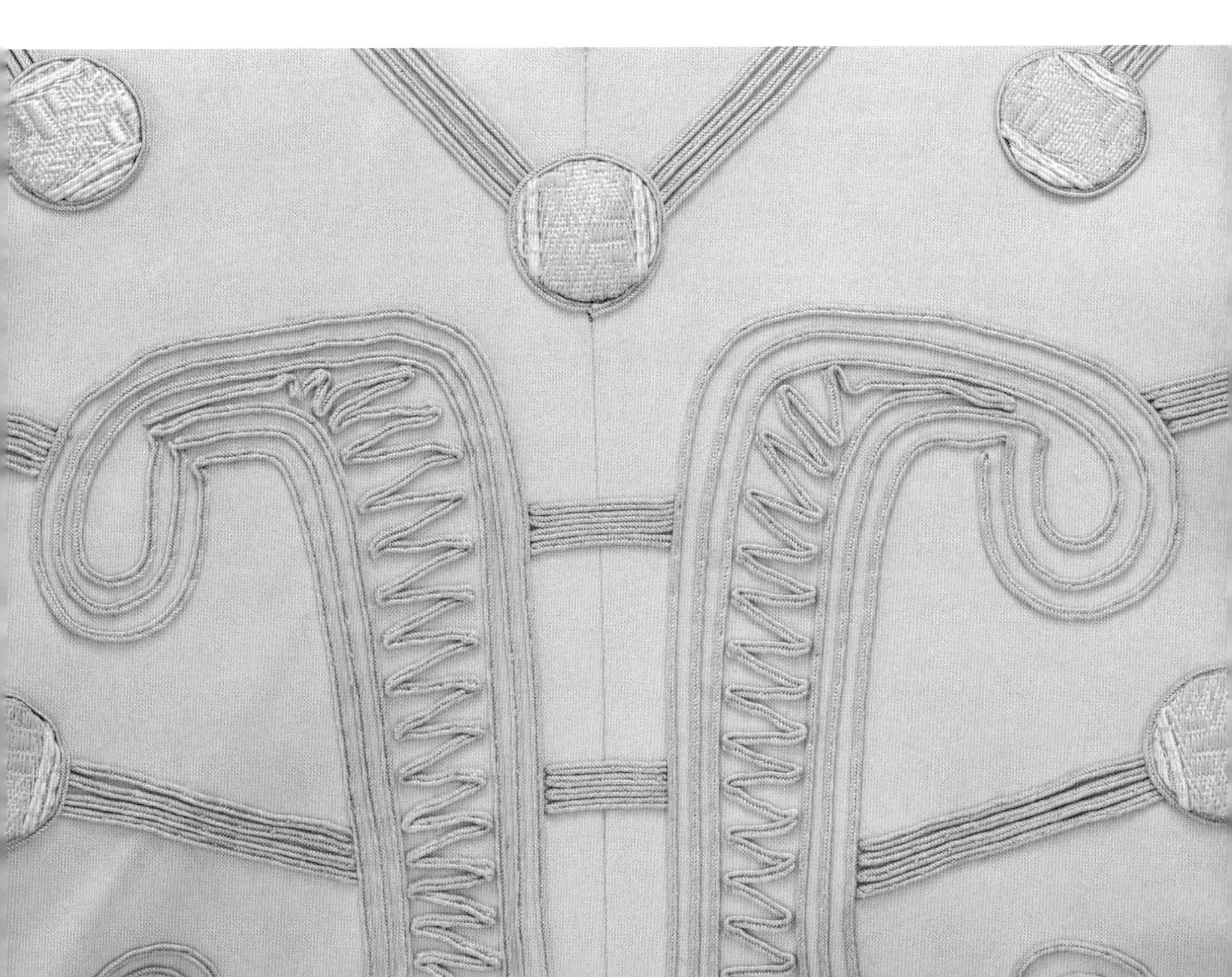

迷你连衣裙

重绉
法国，1967—1968年
皮尔·卡丹
曾被A.沃罗科夫人所穿并赠出
T.260-1983

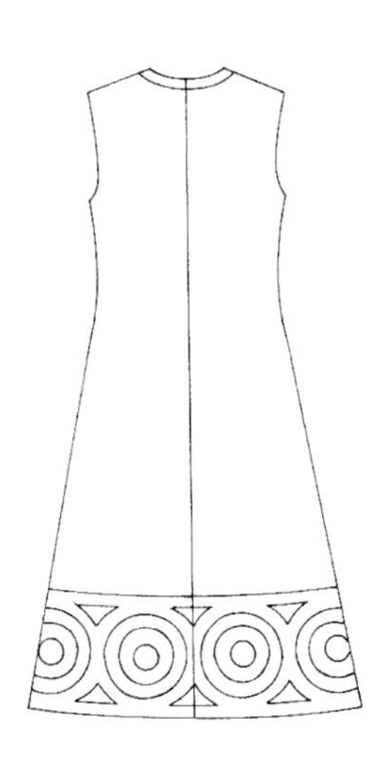

在20世纪60年代，皮尔·卡丹因设计未来主义时装而闻名于世。这件太空时代主题不太明显的连衣裙，是用浅灰蓝色重绉制成的，线条明晰，剪裁干净利落，在其喇叭形的下摆周围有清晰的线条装饰图案。应用绗缝工艺缝制的几何形图案，是这件素色连衣裙上的唯一装饰。皮尔·卡丹坚持认为一个设计不应该被过多的想法所覆盖，仅一个强烈的装饰特征就足够了。

袍服式*

真丝塔夫绸、乔其纱和雪尼尔绒
法国，1922年冬
珍妮·浪凡
标签信息：Jeanne Lanvin，巴黎，法国
T.334-1978

这件裙身上装饰着用奶油色雪尼尔线绣成的两片巨大叶子图案的时尚连衣裙出自珍妮·浪凡1922年的冬季系列，用黑色塔夫绸制成，这种面料在摆动摩擦时会发出沙沙声。雪尼尔（Chenille，法语是毛毛虫的意思）就如同它的名字一样，是一种圆状的毛绒线。在这款设计中，雪尼尔线如天鹅绒般的柔软特性被应用装饰在纸质般清脆的塔夫绸表面上。

这件连衣裙有着漂亮的、嵌有滚边的船型领口，喇叭形的盖肩袖，轻盈飘动的裙子被细致地抽褶聚拢在腰部最细的位置。这是一件设计奢华且内敛的连衣裙，在裙身上用雪尼尔线绣制的叶子形装饰图案从两侧腰部弯曲延伸至下摆，顺势将人们的注意力吸引至呈钟罩型向下展开的裙身上。

* 译者注：Robe de style：20世纪20年代流行的一种连衣裙廓形，代表设计师是珍妮·浪凡。

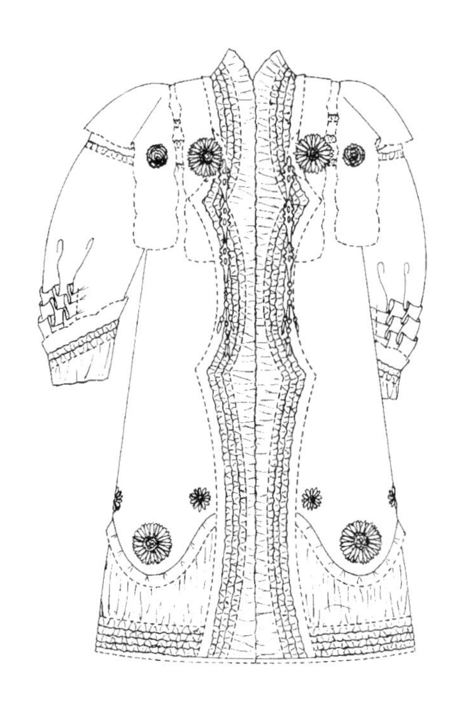

礼服罩衫

真丝塔夫绸
可能出自法国，1904年
曾被费尔黑文（Lady Fairhaven）女士所穿
由布劳顿上校夫妇赠出
T.273-1972

这件浅灰绿色真丝塔夫绸制成的夏日礼服罩衫上装饰有华丽的向日葵图案。向日葵是19世纪末和20世纪初应用艺术中最流行的主题图案之一。这些直径为14厘米的向日葵被装饰应用在下摆周围的蕾丝花边上方，蕾丝花边的下方则是用真丝塔夫绸抽褶缝制的长荷叶边下摆。向日葵的花瓣用白色棉线绣制呈尖状，花的中心用塔夫绸抽褶后紧密地盘绕堆叠而成。这些工艺精湛的大向日葵图案都集中装饰在罩衫的下摆部位，还有几朵点缀在上胸围的位置，一些较小的向日葵装饰在肩膀上。

迷你连衣裙

尼龙欧根纱、棉
法国，1967年
安德烈·库雷热
标签信息：Courrèges，巴黎
由G.萨克尔夫人赠出
T.348-1975

安德烈·库雷热设计的这款夏季迷你连衣裙上，整齐、精确地重复着机绣雏菊图案。轮廓清晰的填充绣花朵图案在裙身表面呈现出立体凸出的姿态，这些用白棉填充、缎纹绣制成的花朵图案铺满在粉色欧根纱底布上，并用锁缝工艺勾勒出扇形的花瓣和花心。圆形的花心镶嵌着闪闪发光的彩色有机玻璃，这种嵌绣工艺在技术应用上类似于一种名为abhla bharat的印度镜面刺绣工艺。这款无袖、喇叭形迷你连衣裙用白色半透明的波纹尼龙欧根纱制成，裙身上这些突出的装饰图案使原本平淡无奇的剪裁和设计变得更加生动新颖。在连衣裙的领围、袖笼、下摆和腰围处都装饰着机绣工艺绣制的立体镶边。

库雷热设计的A字型迷你裙以紧身高腰和喇叭形下摆的廓形，创造的“小女孩”形象对20世纪60年代的时尚产生了巨大的影响力。在这款设计于1967年的迷你连衣裙中，库雷热结合应用了尼龙、塑料和创新的薄纱机绣工艺，这些在当时都是被公认为最现代的工艺技术和材料。除此之外，造型上搭配白色小山羊皮靴、短款白手套和未来主义的白色塑料太阳镜打造出了清新、年轻、最前卫的时尚风格。

晚礼服

真丝雪纺、金色小山羊皮
法国，约1936年
珍妮·浪凡
曾被格伦康纳夫人所穿并赠出
T.61-1967

这件大约出自1936年的白色雪纺齐地长礼服，其主要风格特征是简约且优雅。这种半透明的雪纺带有珍妮·浪凡特有的低调优雅，并创新应用了机绣工艺，将许多涂有金色的小山羊皮条裁制成小细条装饰在雪纺上。每根细条都被精确地定位并延顺其边缘细致地缝合，在整件礼服上形成一个强烈且规则的纵向装饰图案，就像在观赏一场金色的雨，闪闪发光的条纹似乎在不断地下落，增强了礼服的灵动效果。礼服的上身是宽松式剪裁，设计有宽大的主教袖，袖口被抽褶收紧在手腕处。齐地长度的柱形裙身从抽褶收紧的腰部开始形成柔顺的褶皱，自然下垂至饰有金色皮条镶边的裙摆。

这种优雅的白色与华丽的金色所构成的色彩搭配，呈现出一种微妙而又纯真优雅的设计效果。

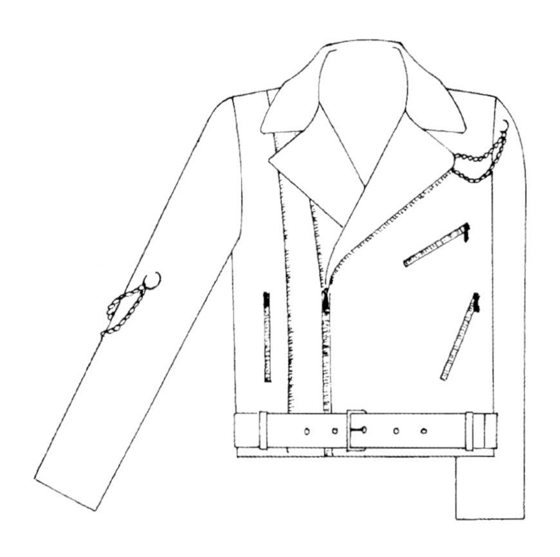

夹克

皮革和金属铆钉装饰
英国，1990年冬
凯瑟琳·哈姆内特（Katharine Hamnett）
由凯瑟琳·哈姆内特赠出
T.208-1990

这件整身都装饰着铆钉的黑色皮夹克出自凯瑟琳·哈姆内特1990年冬季的“清理还是死亡”（Clean Up or Die）系列。六角形多面铆钉和圆形铆钉穿透皮革被铆接固定在夹克上形成块状装饰图案，分布在几条短而沉重的金属拉链之间。我们还不太清楚金属铆钉装饰的起源和开始应用的时间，不过从20世纪50年代开始，黑色皮革机车夹克就被离经叛道的年轻人当作反叛和反抗的象征。他们说：“每一次反抗都需要一件制服。”[2]

一件黑色皮夹克被形容是“纯粹对抗型的服装”，[3] 让人联想到坏痞的青少年形象以及马龙·白兰度在1954年的电影《飞车党》（*The Wild One*）中所体现出的角色魅力。坚硬的金属铆钉可以为防护性强、坚固耐用的服装提供如铠甲一样的装饰效果，但凯瑟琳·哈姆内特的铆钉装饰设计不那么激进，她将过时的街头服饰重新改造设计成为主流时装。在充满力量感的皮衣下，男士穿着经典的哈姆内特标语的T恤搭配长裤，而女士们则会选择搭配紧身性感的丝绒连体裤。

凯瑟琳·哈姆内特设计的这件夹克上有非常机智巧妙的装饰细节，她将自己名字的首位字母用铆钉装饰成心形图案，夹克的背后装饰的是“要么清理，要么灭亡”的环保口号，而不是如同地狱天使之类的虚无主义者的格言。

礼服外套

真丝罗缎、塑料装饰、水钻、钉珠和镀金线刺绣
法国，1961年夏
克里斯托巴尔·巴伦西亚加（Lesage刺绣坊绣制）
标签信息：Balenciaga，乔治五世大道10号，巴黎
曾被洛尔·吉尼斯夫人所穿并赠出
T.24-1974

这件出自Balenciaga的鲜艳粉色晚礼服外套用真丝罗纹缎制成，整件外套上几乎覆盖满通透的圆环状抽象装饰刺绣图案。这些图案是用粉色的雪尼尔线呈Z字形迂回缝制成半圆环图案，另外的半圆是用玻璃米粒珠、水钻、银色和粉色金属线拼接绣成。在较厚的真丝罗纹缎上装饰着奢华的重工刺绣使整件外套显得极其厚重。

巴伦西亚加以严格朴素的设计而闻名。但不太为人所知的是，这件奢华的外套选用了知名的、他最爱的“西班牙”色彩系列中的鲜艳粉色。大胆的刺绣是为巴黎世家定制的，融合了现代材料，体现出他设计中更加绚丽夺目的一面。

巴伦西亚加没有被厚重的刺绣所难倒，他选择用高难度的缝制工艺来制作外套的扣眼。用一粒精致的包布扣穿过围绕在刺绣图案中心的扣眼以固定外套，扣子用罗纹缎细致包裹而成，扣面上装饰有与外套相配的刺绣图案。

这件中长款外套有设计简单的圆领和肘部长度的袖子，外套的前侧与后侧省道是修身式剪裁，之间的腰线呈极具收紧状。外套最初是与一条笔直的深色裙子搭配穿着，还配有一副长手套和一顶饰有羽毛的冠部较低、戴在头部一侧的帽子。

3.
see a fairy
go
forest

伦娜是一名时装设计师，她像创作雕塑一样创作自己的衣服，她总是在她的每一件作品中融入一个故事。在罩衫一层层的网纱上都装饰着贴花装饰细节，这些装饰都在描述她所创造的童话世界里森林的感觉。它们以一种有趣的、简单幼稚的方式，将带有锯齿边缘的毛毡条和绿色、蓝色及白色的弯曲状花边用白色棉线交叠压缝在网纱上来表现森林中的树木形态。透过迷雾状重叠的网纱还可以看到其他种类的饰带和附加有标语的黄色织带。

这身特别的套装，包括帽子、鞋子、小提琴盒和穿着说明，被设计成一种探索模式，穿戴者必须按照服装上的各种标志寻找丢失的乐器。由于伦娜美诺的指示是自我克制的，因此该乐器是永远找不到的，佩戴者会“陷入一个无法逃脱的圆形路径中”。

这件A字型短款无袖的、镶有毛边领口的网纱制套头外衣，下摆呈喇叭形，并用一条硬挺的如裙撑一样的管线状材料撑起被套在一件绿色的天鹅绒上衣（带有指示面板和一个小精灵装饰图案）之上，下身搭配有一条至膝盖长度的天鹅绒松紧裤。这是一套款式简单，设计思想表达精准，应用了多样化贴花装饰工艺创造出的一件异想天开的另类时装。

套装

“寻找乐器——穿着悖论”
天鹅绒、网纱和毛皮
日本，1989年
伦娜美诺（Lun*na Menoh）（Atsuko Shimizu）
T.272 to G-1989

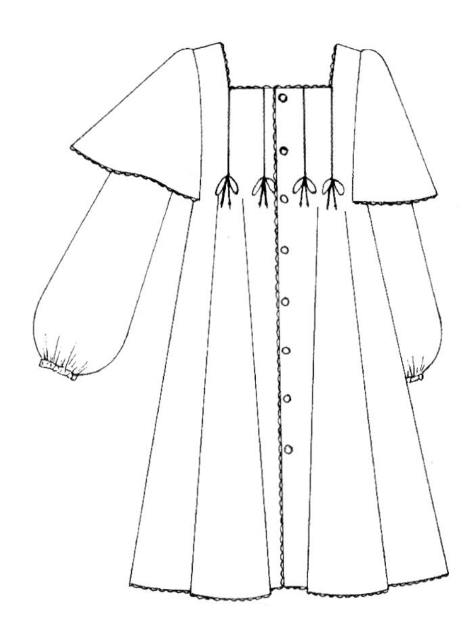

迷你连衣裙

棉织泡泡纱、镶边饰带
英国，1972年
玛莉·官
标签：Mary Quant
由设计师赠出
T.113-1976

玛莉·官设计的这件红色泡泡纱迷你裙使用了明亮、廉价的材料却发挥出最大的效果，其灵感来自19世纪末传统的英国乡村外套和儿童用围裙。在连衣裙上身的前面和后面都装饰有双排闪亮的绿色辫状饰带，这些饰带被系成松散的蝴蝶结状，蝴蝶结的末端再次打结以防止磨损松散。方形的领口、圆摆形罩袖、裙摆和后中边缘都镶嵌有弯曲状的绿色饰带，在裙身后中位置缝有红色的塑料扣以固定裙身。

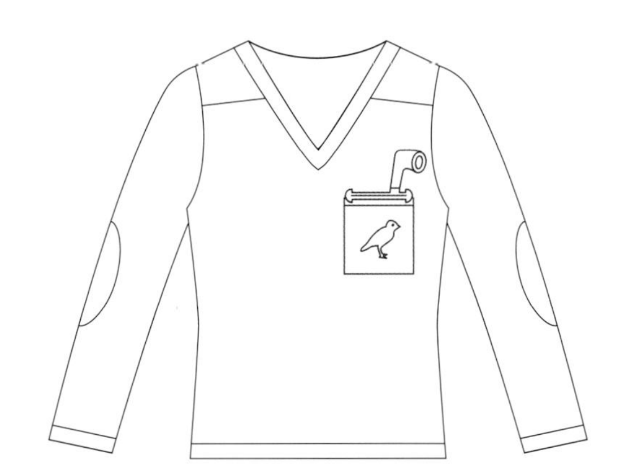

毛衣

机织腈纶、人造革贴花、皮革和平纹涤纶小鸟图案

迈克·罗斯和帕特里克·考菲尔德（Mike Ross&Patrick Caulfield）

（出自品牌The Ritva Man 1972年的“艺术家”系列）

标签信息：“The Ritva Man/英国制造”和“迈克·罗斯和帕特里克·考菲尔德共同设计的250限量版”（特里克·考菲尔德签名）

由设计师赠出

T.18-2000

品牌Ritva的设计师迈克·罗斯（Mike Ross）委托八位艺术家为他的“艺术家”系列进行设计，其中一位艺术家帕特里克·考菲尔德将自己的设计命名为“有男人味儿的毛衣”。这是一件针对传统阳刚之气具有讽刺意味的设计，毛衣上设计有一个装饰性的前胸口袋，并在口袋上缝有一个烟斗插进口袋状的贴花图案，在肩部和肘部也缝有装饰补丁。同Ritva的其他设计作品一样，这些“艺术家”系列毛衣是外包给技术娴熟的工匠们用家用针织机制作的，但每一件毛衣上的贴花装饰图案都不同，这些图案是在每一位艺术家和迈克·罗斯的批准与指导下，将艺术家们设计的原始图案转换应用在毛衣上的。与每一位艺术家合作的设计版本仅生产250件，并在标签上标有艺术家与设计师的签名。该系列的每一件毛衣还附带有一个有机玻璃框，这样毛衣在不穿的时候就可以被装裱展示出来。

在伦敦这个艺术、音乐与时尚相互交融的中心城市，迈克·罗斯最初与妻子丽特瓦（Ritva）合作为其同名品牌设计了一系列成功的色彩鲜艳的性感针织女装，之后于1969年创立了The Ritva Man品牌。他以棒球运动员穿的分层衬衫为基础设计了毛衣，搭配不同颜色的袖子和贴花装饰图案，改变了针织开衫和套头衫的传统样式，创造了中性风格的设计风尚。

大衣

羊毛和羊绒
意大利，约1995年
亚历山大·麦昆（Alexander McQueen）
标签：Alexander McQueen
由马克·立德赠出
T.33-2011

亚历山大·麦昆设计的这件男装大衣，在其左前片（大衣原图绣花在左侧）下摆处有独特的刺绣图案。从弧形的叶状设计和植物的样式风格可以看出麦昆受到了18世纪装饰风格的影响。

这件大衣上的刺绣图案似乎是参考了维多利亚与艾尔伯特博物馆内的文字与图像收藏系列中一个特别的18世纪的图案，该图案还被收录在克莱尔·布朗编撰的《18世纪丝织品图案设计》（*Silk Designs of the Eighteenth Century*）一书中。18世纪的图案大都用来装饰裙子或马甲的镶边，而在这件大衣上，刺绣图案是装饰在大衣的下摆处，衬托着穿着者，但只是装饰在一侧。

麦昆的诠释不仅呼应了18世纪的图案原型，还模仿了维多利亚与艾尔伯特博物馆为该图案所设计的蓝色背景。虽然没有确凿的证据表明麦昆研究了维多利亚与艾尔伯特博物馆的刺绣图案收藏，但他确实是博物馆的常客。

礼服外套

真丝和丝绒刺绣，真丝扎染里衬
英国，约1905年
利伯提百货
T.36-2007

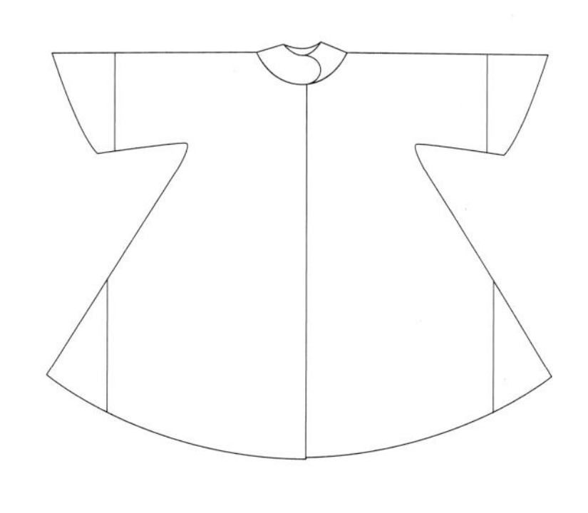

从19世纪后期起，位于伦敦摄政街的利伯提（The Liberty）百货公司在创造时尚艺术和服饰美学方面曾起过主导作用。其店内独特的服饰风格通常受到历史服装或民族纺织品的启发，时装设计中还会时常融入刺绣装饰工艺，一直到20世纪都很受那些希望选择另类服装的顾客的欢迎。这件外套没有肩缝，同和服一样的剪裁方式，从外观来看具有典型的利伯提风格，是用染成纯天然“叶绿”（Greenery yallery）色的真丝面料制成的；在外套的衣领处装饰有石榴样式的缎面刺绣图案，袖口是用丝线绣成的单色装饰花边。由于没有贴标签，这件外套被判定是在利伯提工作室制作的，不过该公司也曾出品过一些在家里就可以轻松绣制装饰在衣服上的图案。

这件外套里衬的原有色调完全令人出乎意料。里衬用一款利伯提特制的名为“Aurora”真丝面料制成，这款面料很有可能是在麦克莱斯菲尔德郡织造，面料上如彩虹样式或渐变色的染色效果是模仿了中亚地区的扎染工艺染成的。这可能是通过运用纱线扎染技术中的一种来实现的，即在染色前将纱线包裹起来以抵抗或吸收颜色，然后在织机上进行织造。

定制外套和裙子

羊毛哔叽面料、盘编装饰花边带、手工绣棉衬衫和机织蕾丝装饰
英国，约1908年
约翰·雷德芬父子公司（John Redfern & Sons）
标签信息：Redfern，巴黎、纽约、伦敦
曾被希瑟·菲尔班克所穿
CIRC.646&A-1964

这套定制服装上的装饰花边是用细小的线迹将窄边真丝饰带弯曲盘旋成装饰花型，以对称的形式固定在领口、袖口以及外套和裙子的前后裁片上。海军蓝色羊毛哔叽面料和饰带装饰图形都会让人联想到军装，但这些设计细节又被重新诠释在女装上，这类服装在当时被称为“女士套装”或“定制套装”。

这类外穿套装通常会内穿搭配一件棉质衬衫，衬衫的设计比套装更具有装饰性和更方便清洗。希瑟·菲尔班克是Redfern的常客，Redfern是由一家位于怀特岛考斯的布料店发展起来的女装定制公司，从19世纪40年代开始成为世界领先的女装定制品牌直到19世纪末。她拥有好几套在Redfern定制的套装，每套服装都采用不同克重的羊毛面料和不同的装饰工艺制成，有适合在城市内穿的套装，也有适合在郊外穿的平纹粗花呢套装。

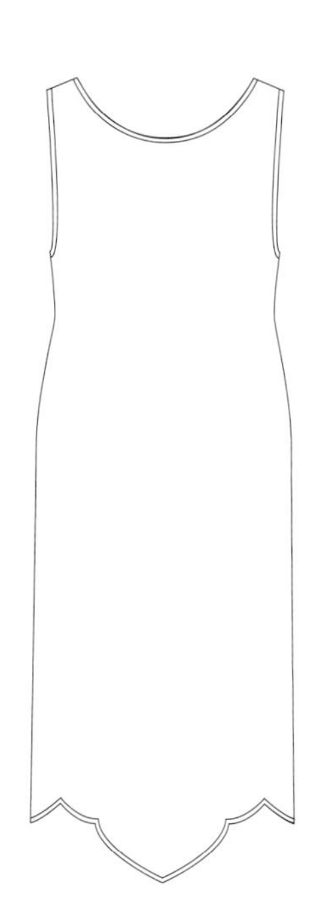

晚礼服

真丝缎、金线和丝线
可能出自法国，约1924年
卡洛姐妹（Callot Soeurs）
由利伯斯（Lebus）夫人赠出
T.73-1958

巴黎高级定制女装品牌卡洛姐妹是由四姐妹创建的，自1895年起，她们的设计就享誉国际，尤其是奢华的茶袍和晚礼服。它们都是用精致的面料制作的，时常会融入古董蕾丝的装饰设计，之后的设计更多的是受到东亚文化的影响。20世纪20年代中期的时尚追求简单的服饰外形，因此为图形和图案装饰工艺提供了最佳的创作版面。比如这件款式简单的净色真丝缎连衣裙正面和背面都装饰绣着罂粟花和菊花的图案。

连衣裙的设计旨在让穿着者在人群中脱颖而出，从领口至下摆都被装饰绣有巨大的中式风格的花束图案，这些图案应用织补绣工艺，用大针距且规则的水平线迹，用亮色、火红色、橙色和粉色还有泛白的真丝线绣制出花朵，用薄荷绿丝线绣制出叶子。领口和裙摆边缘都参考了中式长袍的款式被裁成叶片形，并嵌有橙色真丝缎制成的滚边，其边缘上部还装饰着垂直线迹绣出的金色花边，进一步增强了这件连衣裙的装饰细节。

利伯斯夫人在1958年捐赠出这件连衣裙时曾提到，她拥有三件卡洛姐妹设计出品的连衣裙，这是其中一件。时装屋的标签可能是附在这件连衣裙的配套衬裙上，但衬裙已经不知去向了。

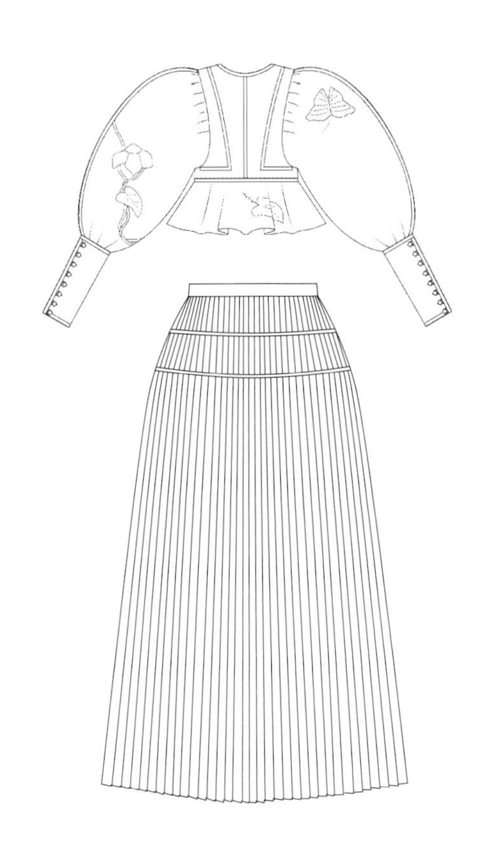

外套和裙子

真丝
英国，1977年
比尔·吉布（设计）和苏·兰格利（刺绣）
标签信息：Bill Gibb，伦敦
桑迪·蕾西夫人赠出
T.439:1–1995

这件橙色真丝外套的短裙摆和灯笼袖上都装饰有用紫色线绗缝成的波浪线纹饰。在绗缝纹饰的表面还装饰着像是被任意摆放上去的叶子、蝴蝶和花茎缠绕的贴花图案。这些贴花图案被精心地绣出细节并用玻璃珠装饰着，图案没有完全贴缝在外套上，其边缘是独立分开的。在外套的接缝上还进一步装饰有紫色的饰带嵌边，饰带上还缝有色彩斑斓的闪光小方块和宝石一样的方形纽扣。

这件外套是整套服装的一部分，并与一条长及脚踝的金银锦缎百褶裙搭配，裙子上是五颜六色的佩斯利或灌木丛图案。设计师比尔·吉布和刺绣技师苏·兰格利经常从自然界中寻找灵感。兰格利回忆说，这种风格随意的绗缝和贴花工艺是受到17世纪盛行的立体刺绣（stumpwork）和20世纪30年代的贴花装饰的启发。[4]

晚礼服

真丝欧根纱和金色金属线
法国，1993年
莫里齐奥·加兰特（Maurizio Galante）
标签信息：Maurizio Galante
由设计师本人赠出
T.101-1998

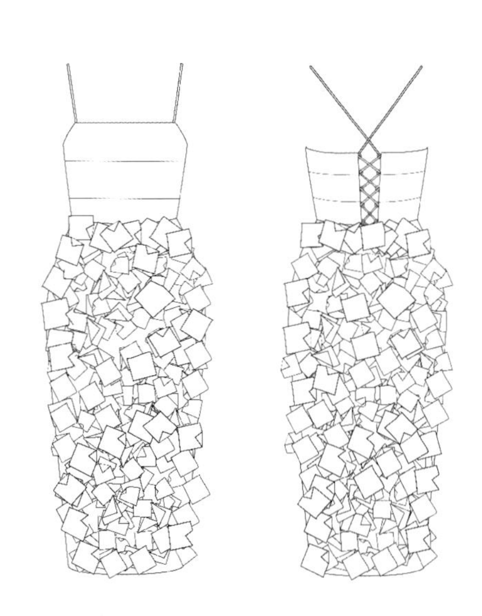

这件精致的晚礼服用几十条精心裁制的金色欧根纱带拼接缝制而成，并在裙身上饰满许多用相同面料制成的小正方形布片。为了实现设计装饰效果，要先将每块小正方形布片的一边缝在欧根纱带上，然后把这些欧根纱带拼接缝合在一起，最后再贴缝固定在基底裙身上。当这件礼服被穿在身上时，这种较硬挺的面料特性会令一块块方形布片挺立在裙身上，就像一片片金色云朵围绕在穿着者身上，营造出一种奇妙的效果。这件精致的小礼服采用两根简单的细绳制成肩带穿挂在肩膀上。

生于意大利现居巴黎的莫里齐奥·加兰特在1987年推出了自己的同名品牌，并在2008年至2013年的巴黎高级定制时装周上亮相。作为一名曾受过时尚和建筑专业培训的设计师，加兰特对高级定制时装的技术表现出了浓厚的兴趣。他设计的时装通常采用精纺面料，制作工艺复杂，注重服装结构的层次变化。

在这件皮裙上装饰有很多小圆镜片，这些小镜片是嵌入在皮革上被打穿的圆形洞孔内，并采用一系列不同的缝合工艺将镜片固定在皮裙上，如包边缝（blanket）和十字缝。在这些小圆形镜片中间还穿插分布着未经装饰的圆形洞孔，透过这些小洞可以看到内部的衬裙。传统的Shisha是一种发源于亚洲中部和南部的镜面绣工艺，到了20世纪60年代开始在西方流行起来。曾踏上嬉皮之路去朝圣的人们在途经印度返回后，大都会穿着这类装饰有镜面绣的服装。这种风格被很多设计师和服装制造商所采用，试图在色彩鲜艳、飘逸的服装中展现出一种不拘泥于成规的美感特质。在1999年的设计系列中，缪西娅·普拉达在这套设计简约、色调柔和、廓形经典、剪裁完美的皮革套装上应用了镜面绣工艺，其设计完全颠覆了传统的嬉皮风格。

她后来解释说这种做法是对当时正在复兴风格的一种讽刺：“我在这个系列中囊括了所有已经落入俗套的嬉皮时尚元素，如镜子和花朵，同时又将这些元素完全破坏掉，实际上，这是一个最不嬉皮的设计系列。”[5]

短裙

镜面刺绣皮革
意大利，1999春夏（Sincere Chic系列）
普拉达
标签信息：普拉达
曾被艾丽丝·劳丝萨恩（Alice Rawsthorn）所穿后赠出
T.114:2-2016

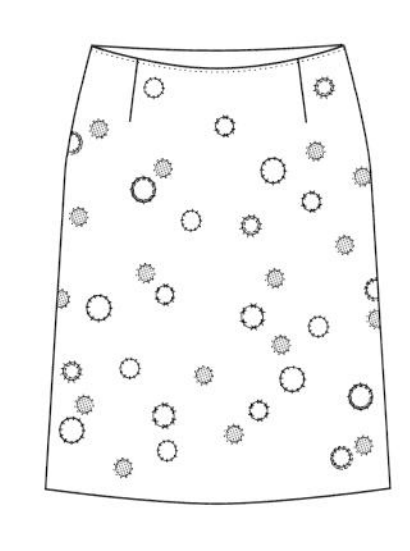
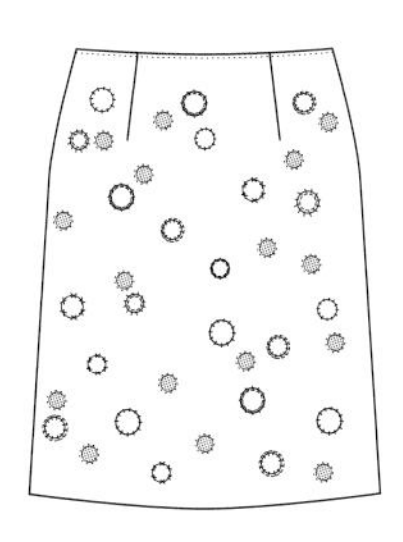

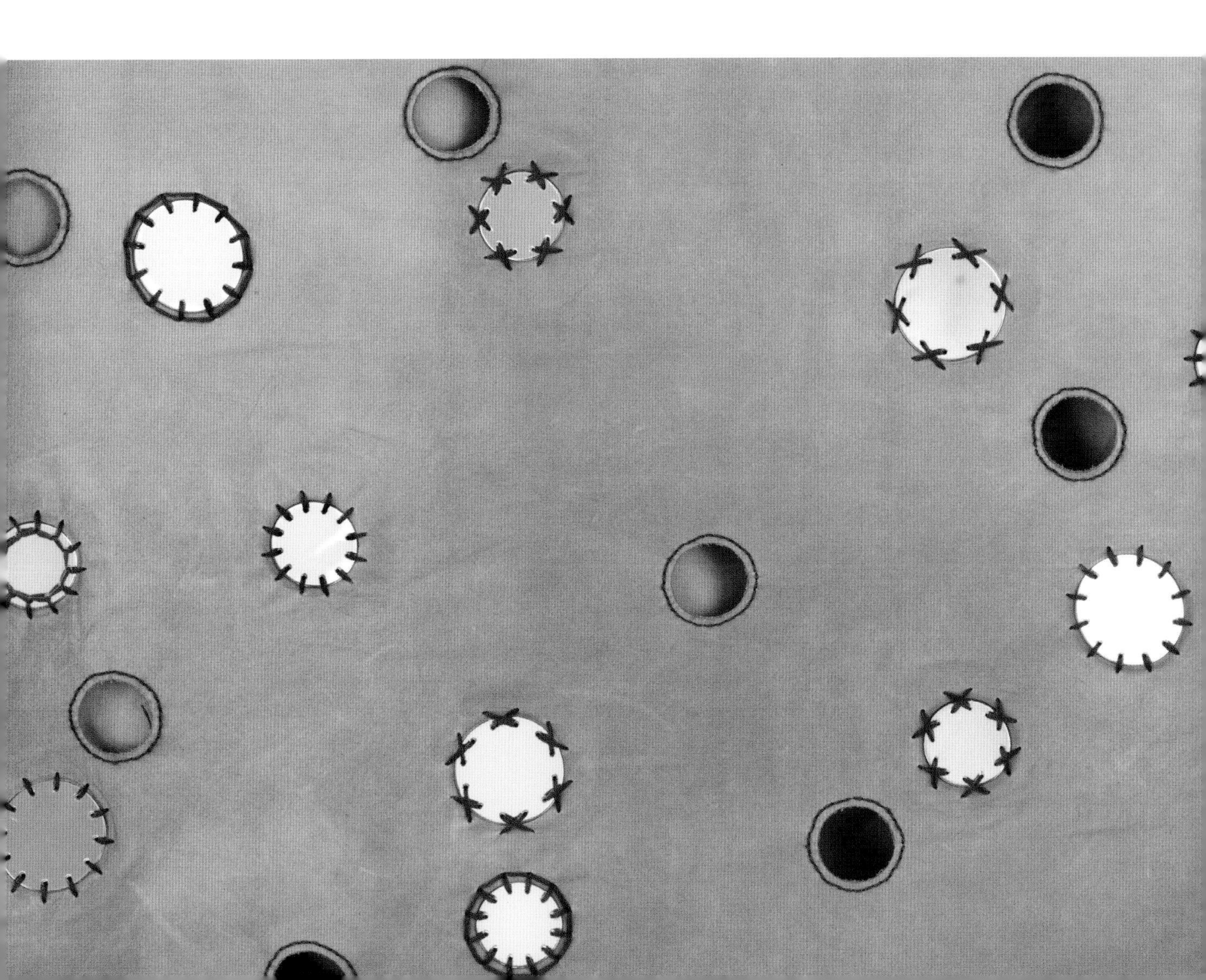

夹克

真丝和象牙色装饰棒
英国和意大利，1992年
里法特·奥兹贝克（Rifat Ozbek）
标签信息：Ozbek，意大利制造
由辛迪·怀特赠出
T.136-2001

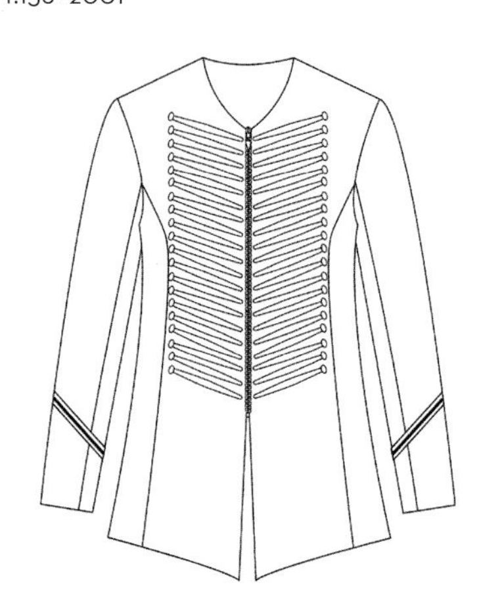

这件夹克由出生于土耳其、现居伦敦的设计师里法特·奥兹贝克设计，该作品很好地展现了他对各类文化的积极探索和所受到的影响。这款夹克的制衣结构和鲜明突出的尖角形袖口参考了美国内战时期的制服设计，此外，在奥兹贝克的手中，这款设计变得更前卫时尚，在夹克的前中线上缝有一条拉链以固定开合。

夹克上密集排列的长椭圆形珠饰让人联想起19世纪美洲土著如科曼奇、阿拉帕霍和尤特等部落男子们佩戴的胸甲。传统胸甲上的珠子是用骨头做的，而奥兹贝克应用的是塑料材质的装饰珠被排开缝合于夹克前身两侧，在塑料珠的外端还点缀着银色球形珠，这样的排列组合，创造出一种戏剧性的装饰效果。

保罗·波烈以华丽的色彩运用而著称，在1912年设计的这件翡翠绿色、紫色和金色搭配的去歌剧院所穿的斗篷上展现得淋漓尽致。长及脚踝的斗篷主体部分是从一块细密的真丝罗纹绸上裁剪下来的，在前身中间将左右前片向两边翻转形成一个较宽大的翻领。斗篷的下摆上装饰有一条较宽且沉重的如金属弹簧状的金色流苏（通常应用于制服上的流苏），令整个下摆急剧下坠至两侧。金色再次被用于制作大而复杂精致的盘花扣环和纽扣，并缝于前身臂围线的位置以固定斗篷的开合，同时又增强了装饰效果。做工巧妙的纽扣是用金色与青铜灰色的编绳拼接盘绕制成的呈同心圆形的卷状扣。

歌剧斗篷

罗纹绸、真丝提花和金属线
法国，约1912年
保罗·波烈
标签信息：Paul Poriet，巴黎
曾被诺布尔夫人所穿，后由她的女儿格拉德温夫人赠出
T.337-1974

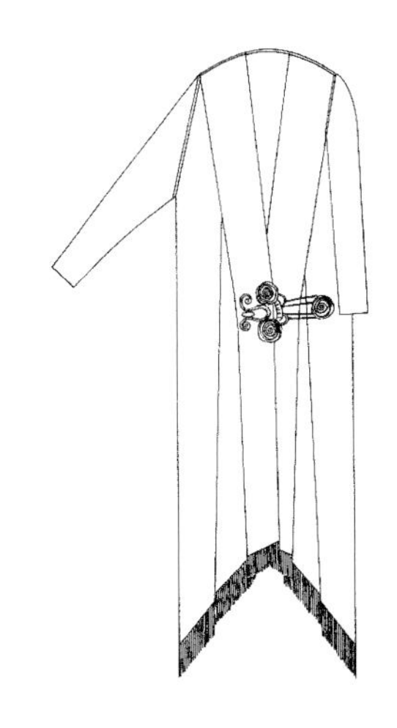

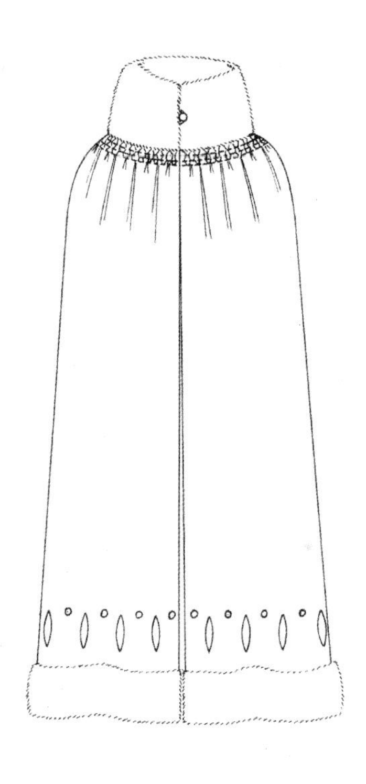

晚装斗篷

天鹅绒、马拉布鹳绒毛和丝缎
英国，约1920年
利伯提百货
标签：利伯提百货，伦敦和巴黎
曾被R.克拉格斯夫人所穿并赠出
T.238-1963

利伯提出品的这件深玫瑰粉色天鹅绒斗篷适合在冬夜穿着，在斗篷的下摆处饰有一条宽的毛皮镶边，在毛皮的上方还装饰有贴花图案。图案是由椭圆形和中间有小坑的圆形排列组合成的，在这些圆形和椭圆形内有高高垫起的填充物（以戏服的制作方式）用金色缎包裹着，并在边缘用金线绣成双排的线迹将其固定。

整件斗篷以金色为主题，两条金色的流苏被缝制在背部下方的塑形的褶片上自然地垂摆下来。下摆处的马拉布鹳绒毛镶边令整件斗篷显得格外温暖，与之相匹配的高领上也装饰着同款绒毛，领子上缝有一粒纽扣将其紧密地贴合围绕在脖子上。

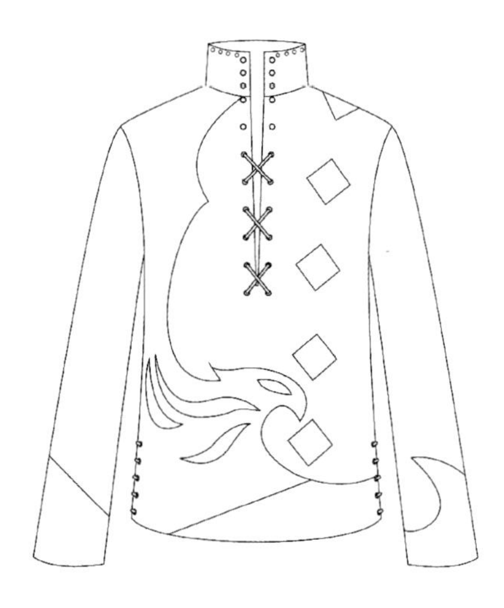

猎装皮衣

绒面皮革裁片拼贴成的装饰图案
英国，1967年
米兰迪·巴比茨（Mirandi Babitz）和克莱姆·弗洛伊德（Clem Floyd）
标签信息：米兰迪·巴比茨和克莱姆·弗洛伊德为Hung on You时尚精品店* 设计制作
曾被大卫·姆林纳里克（David Mlinaric）所穿并赠出
T.313-1979

品牌Mirandi是米兰迪·巴比茨和克莱姆·弗洛伊德这对夫妻组合的名字，他们在伦敦的公寓里为客户设计定制独一无二的皮衣。室内设计师大卫·姆林纳里克通过迈克尔·雷尼（Michael Rainey）位于伦敦国王路430号开设的Hung on You时尚精品店内订购的这件以美国印第安文化为灵感设计的猎装款皮衣，上面还装饰有一只很特别的鹰形图案。在三年的时间里，雷尼一直在向朋友们和音乐人出售这类独家的反文化男装，其中包括米克·贾格尔（Mick Jagger）和英国摇滚乐队Pink Floyd，直到1968年精品店关闭之前，店内销售的时装开始趋于商业化。20世纪60年代的伦敦设计师和零售商们开创了“孔雀革命”，为现代时髦的男士提供了细节华丽、色彩鲜艳的服装。

这件皮衣上鹰形翅膀的拼贴图案从右肩延伸至后背的下摆，融入了大海般的波浪图案中，其中还穿插拼贴有绿色、蓝色和红色的皮革。四小块菱形的皮革被垂直排列贴缝在绒面皮皮衣的前身和后背上。与常见的贴花缝合工艺不同的是，巴比茨和弗洛伊德创作的这款鹰形装饰图案是用缝纫机在图形边缘缉平缝线将皮革叠加缝合在一起的，其中镂空的部分用其他颜色的皮革在背面贴补缝合，这件皮衣是他们标志性的设计作品，也是一件很有灵性的、品质极高的，并且是可以穿着的艺术作品。

* 译者注：20世纪60年代，位于伦敦切尔西的一家很出名的时尚精品店。

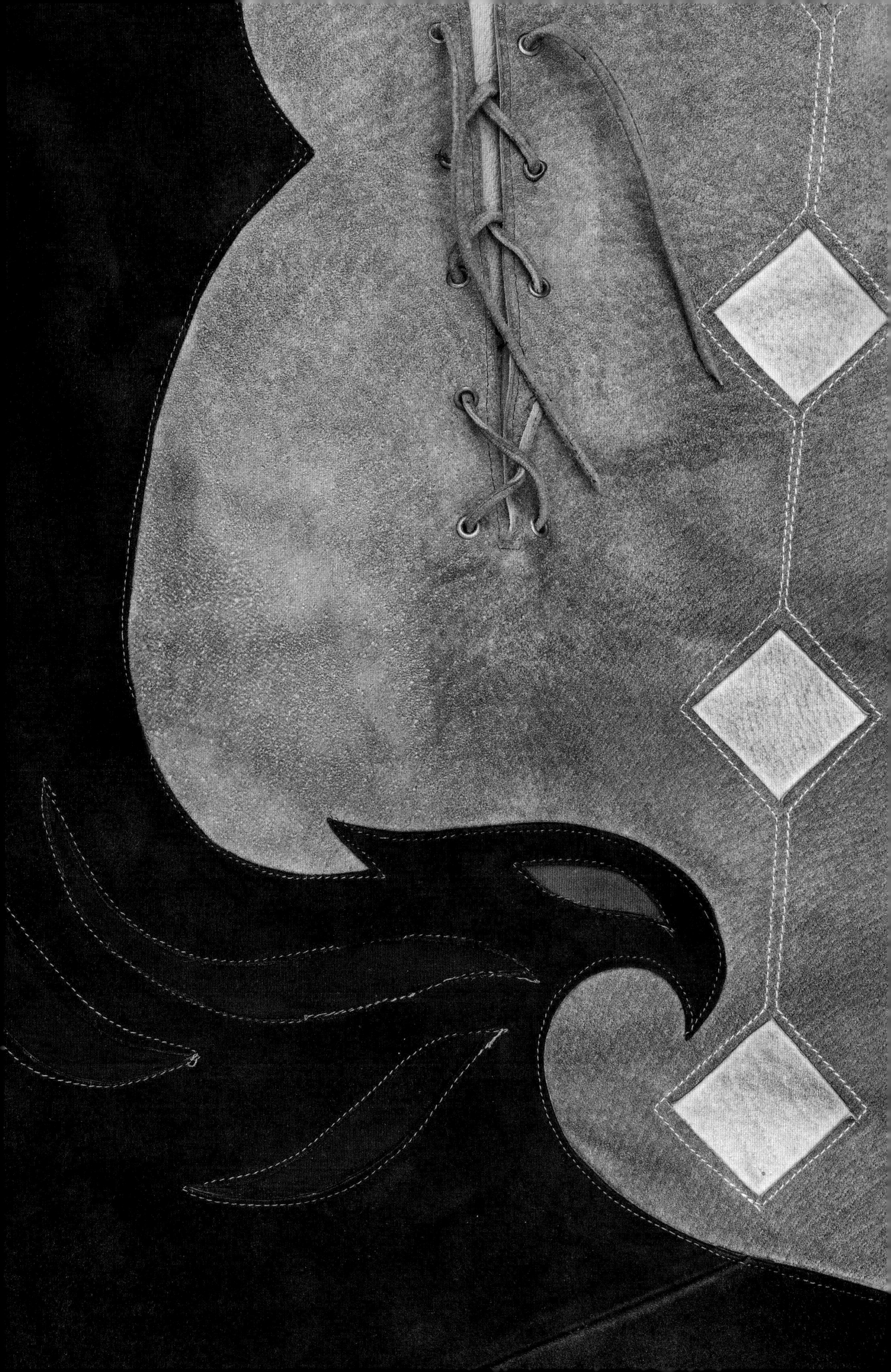

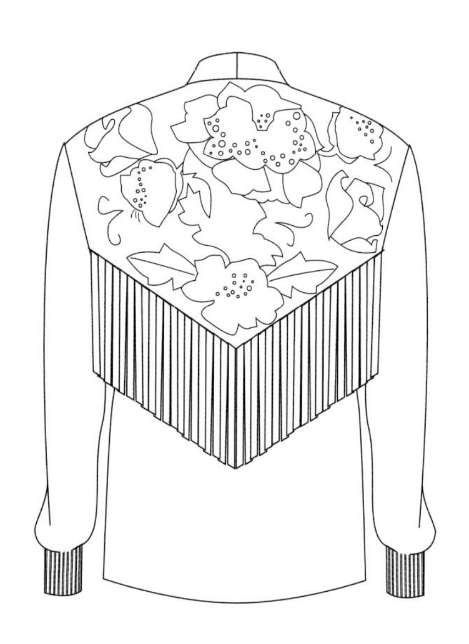

夹克

羊毛编织、皮革、真丝贴花和钉珠
英国，1985年
贝丝·布雷特（Beth Brett）
标签信息：Beth Brett
由赫伯·戈德施密特赠出
T.79-2009

这件夹克是20世纪80年代流行的装饰针织设计的典型代表。应用在这件夹克上的一系列装饰工艺从贴花、流苏和钉珠再到拼接的羊毛编织袖，无限延伸了针织服装装饰设计的可能性。

彩色印花棉制成的花朵形象逼真且立体。这些同主题的花卉图案上装饰着闪亮的珠子，以模仿花瓣上闪光的露珠，这些闪烁的光芒令贴花图案变得更加生动。金色金属质感流苏被缝制在衣身上呈"V"形，为服装增添了西部乡村的味道，并与闪着微光的金色叶子贴花图案相呼应。夹克的袖子用金色的金属纱线编织而成，上面的错视编织图案为这款设计增添了一种顽皮奇妙的效果。

这件夹克是伦敦针织设计师贝丝·布雷特（1945—2003年）的作品，她出生在伦敦，5岁时随父母移民到了美国。在莫尔艺术设计学院（Moore College of Art and Design）获得时装设计学位后，她回到伦敦创办了自己的针织服装公司：贝丝布雷特设计有限公司。她将自己设计的极具装饰性的针织时装销往英国、美国、澳大利亚和日本。布雷特和那个时代的许多伦敦设计师一样，都是将加工生产订单外包给编织工匠或派发给家庭式定制作坊来完成。在布雷特最巅峰的十年间，她独自完成设计工作的同时，曾雇用20多名编织工匠。

原书参考

1 Seams

1. Elizabeth Ann Coleman, *The Genius of Charles James*, exh. cat., The Brooklyn Museum (New York, 1982), p. 84.
2. *Ibid.*, p. 84.
3. *The Lady's Realm* (1907), vol. 22, p. 24.
4. US *Vogue*, 15 October 1966 p.165
5. British *Vogue* online collection report by Laird Borrelli-Pearsson, 3 November 1994 https://www.vogue.com/fashion-shows/spring-1995-ready-to-wear/calvin-klein-collection

2 Gathers, Tucks and Pleats

1. Lady Diana Cooper, *The Rainbow Comes and Goes* (London, 1958), p. 61.
2. Elfrida Manning, *Marble and Bronze: The Art and Life of Hamo Thorneycroft* (London, 1982), p. 185.
3. Tamsin Blanchard, *The Guardian*, 10 April 2016, https://www.theguardian.com/fashion/2016/apr/10/issey-miyake-45-years-at-the-forefront-of-fashion.
4. British *Vogue*, January 1994, 'In Vogue', p. 9.

3 Collars, Cuffs and Pockets

1. Miriam J Benkovitz, *Ronald Firbank: A Biography* (London, 1970).
2. Lady Duff Gordon, *Discretions and Indiscretions* (London, 1932) p. 73.
3. *Elle* Magazine, 9 June 1971, pp8-9.

4 Fastenings

1. 'Couture creates Utility Clothes for the Board of Trade', British *Vogue* (October 1942) pp. 25-31.
2. *Utility Furniture and Fashion*, 1941–51, exh. cat., Geffrye Museum (London, 1974).
3. Palmer White, *Elsa Schiaparelli* (New York, 1986), p. 166.
4. *Hommage à Elsa Schiaparelli*, exh. cat., Musée de la Mode et du Costume (Paris, 1984), p. 46.
5. Elsa Schiaparelli, *Shocking Life* (London, 1954), p. 98.
6. Bill Gibb, 'British Fashion People in *Vogue*', British *Vogue*, 15 September 1972, p. 10.
7. Georgina Howell, 'The Shock of the New', *The Times*, 23, August 1983, p 7.
8. *Ibid.*

5 Bows

1. *The Queen*, August 1912, p. 292.
2. British *Vogue*, March 1988, p. 282.
3. Quoted and illustrated by Janet Arnold, *Patterns of Fashion 2*, c.1860–1940, new edn (London, 1977), p. 62.
4. Christian Dior, *Talking about Fashion*, Hutchinson & Co, 1954, p. 40.
5. Cecil Beaton, *The Glass of Fashion* (London, 1954), p. 259.
6. Elsa Schiaparelli, *Shocking Life* (London, 1954), p. 47.
7. American *Vogue*, New York, Vol.57, Iss. 4 (Feb 15, 1921). p. 34.

6 Beads and Sequins

1. Palmer White, *Haute Couture Embroidery: The Art of Lesage* (New York, 1988).
2. 'Emilie Grigsby', Obituary, *The Times*, 12 February 1964.

7 Applied Decoration

1. Palmer White, *Haute Couture Embroidery: The Art of Lesage* (New York, 1988).
2. Mick Farren, *The Black Leather Jacket* (New York, 1985).
3. Angela Carter, 'Notes For a Theory of Sixties Style', *New Society*, 14 December 1967.
4. Sue Rangeley interview on Bespoke Embroidery Textiles http://www.textileartist.org/sue-rangeley-interview-bespoke-embroidered-textiles/
5. British *Vogue* online collection report by Laird Borrelli-Pearsson, 9 October 1998 https://www.vogue.com/fashion-shows/spring-1999-ready-to-wear/prada

词汇表

Appliqué（贴花或贴布绣） 在面料表面上应用的一种装饰工艺，通常是将其他面料织物缝补或绣在面料上。

Chenille（雪尼尔） 雪尼尔线是像毛毛虫一样的毛绒线，故因此得名，雪尼尔面料则是将这些毛绒线弯曲组合编织成绒毛状表面的面料，其绒状表面可以被剪切成不同长度。这种绒线常用于编织纺织品和刺绣装饰。

Chiné（中国真丝绸或印经平纹织物） 在织布前先将经线印染，再与未经染色的纬线编织在一起，这样编织时会呈现出雾一般的图案外观。

Crêpe（绉） 一种表面有纹理，非常适合用于制作裙装，具有一定重量的面料。这种面料是使用强捻丝线作纬线，经过加热或化学处理，或通过特殊的绉缩处理编织而成。

Damask weave（锦缎编织工艺） 一种在单色双面织物上编织图案的工艺，这种工艺编织出的图案在其纹路的经线方向会泛出光泽，而在纬线方向则呈现亚光效果。

Dolman sleeve（蝙蝠袖或德尔曼袖） 这种风格的袖子与上衣相连是一片式剪裁，没有袖笼接缝，袖笼较宽几乎至腰部。

Face cloth（毛纺布） 一种质地精良，中等重量的羊毛织物，编织紧密、有略微隆起的毛绒表面，柔软、有光泽。

Faggoting（花式针迹接缝或抽纱法） （1）用于连接两块面料的装饰性针缝工艺；（2）一种抽纱工艺。

Foulard（软绸围巾） 一种柔软的斜纹，平纹或印花的真丝织物，常用于制作围巾（该词在法语中是围巾的意思）。

Frogging（编扣和扣袢） 用饰带或线绳编成装饰扣和扣袢以固定服装的开合，这种装饰扣件常被应用在军装上。

Gabardine（华达呢） 一种紧密编织的斜纹织物。

Godet（三角裁片） 一种三角形面料裁片，聚拢抽褶或打褶拼接与衣片上（通常应用拼接在下摆部位）使衣身设计变得丰富，更加灵活易于穿着。

Grosgrain（罗纹织带或罗纹缎） 罗纹真丝织物的统称。

Gusset（插片） 一块三角形或菱形的面料插片，常拼接于腋下或裤裆部位，令该部位变得更加易于活动，使衣服变得更加舒适合身。

Leg-of-mutton sleeves（羊腿袖） 此款袖子下臂收紧变窄，上臂蓬松式剪裁，当袖笼被抽褶缝合于肩膀时会呈现出如羊腿般的形状，同样这款袖型在法语中也被称为羊腿袖。

Magyar sleeves（马扎尔袖） 一种与前后身整块裁剪的连袖，是匈牙利民俗服中的一种袖型。

Picot（花式锁边） 服装面料边缘上应用的一种装饰性的锁边工艺，通常是应用裁切工艺或机缝装饰线迹制成的。

Pinking（锯齿切裁） 使用锯齿形布边剪刀修整面料毛边，以达到装饰或防止毛边磨损的目的。

Raglan sleeve（连肩袖或插肩袖） 此款袖子与上衣肩部连在一起，袖笼接缝于前后身上一条从腋下至领口处的斜缝，插入至领口。这种袖子通常被裁成两片式。

Rayon（人造丝） 这个名称用以取代"人造丝（artificial silk）"一词，是一种再生纤维素制成纤维的通称。人造丝是第一种被大规模生产的人造纤维，19世纪末开始发展起来，在第一次世界大战之后得到更为广泛的应用。

Robe de style（袍服式连衣裙，20世纪20年代流行的一种连衣裙廓形，代表设计师是珍妮·浪凡，她推广了这类廓形风格的设计） 法语单词，对这种连身裙款式的通称，通常是指上身剪裁合体，下身是蓬松的长裙，无袖或短袖的连衣裙设计。

Rouleau（嵌条、滚边或滚条） 将斜裁的窄布条对折缝制成管状条，并翻转将毛边隐藏在内，有时会将绳子或填充物嵌入在内以增强其硬度。常用于服装装饰或制成固定扣件，有时也用于整理服饰边缘。

Satin（缎） 一种表面光滑且富有光泽的经面织物。通常用真丝或人造纤维织成。

Selvedge（织边） 一块织造完成的布匹边缘，又叫织边或布边。

Shirring（平行抽褶缝或平行绉缝） 将数排褶皱平行聚集在一起。可被单独应用于服饰装饰，也可在褶皱上绣制图案或在褶皱上绗缝制成伸缩的褶皱。

Topstitching（正面压缝线 、辑明线或车缝压线） 在面料的正面、表面或顶部的一条或多条缝线，通常用作装饰线迹。

Tussah silk（柞蚕丝） 天然蚕丝。

Twill（斜纹） 一种布纹编织工艺，在布面的对角方向布满凸起的斜纹。

Welt（贴边压线缝、折边缝或暗包缝） 紧邻面料合缝边缘的压缝线。

Whitework（白线刺绣） 在白色的面料上用白色线刺绣。

延伸阅读

Church, Rachel,
Rings (London, 2017)
Cullen, Oriole,
Francis Marshall: Drawing Fashion (London, 2018)
Cullen, Oriole and Stanfill, Sonnet,
Ballgowns: British Glamour Since 1950 (London, 2012)
Black, Sandy,
Knitting (London, 2012)
Bradbury, Jane and Maeder, Edward,
American Style and Spirit (London, 2016)
Ehrman, Edwina (ed.),
Fashioned from Nature (London, 2018)
Ehrman, Edwina,
The Wedding Dress (London, 2014)
Gnoli, Sofia,
The origins of Italian Fashion 1900–45 (London, 2014)
Haye, Amy de la and Ehrman, Edwina
London Couture, 1923–1975: British Luxury (London, 2015)
Haye, Amy de la and Mendes, Valerie D.,
Lucile Ltd: London, Paris, New York and Chicago (London, 2009)
Haye, Amy de la and Mendes, Valerie D.,
The House of Worth (London, 2014)
Hulaniki, Barbara and Pel, Martin,
The Biba Years: 1963–1975 (London, 2014)
Johnston, Lucy,
19th-Century Fashion in Detail (London, 2016)
Johnston, Lucy and Wooley, Linda,
Shoes (London, 2017)
Miller, Lesley Ellis,
Balenciaga: Shaping Fashion (London, 2017)
McLaws Helms, Laura and Porter, Venetia
Thea Porter: Bohemian Chic 1969–1979 (London, 2015)
Lister, Jenny et al.,
London Society Fashion: Wardrobe of Heather Firbank (London, 2015)
Lister, Jenny and Wilcox, Claire, (eds),
V&A Gallery of Fashion (London, 2016)
Long, Timothy A.,
Charles James: Designer in Detail (London, 2015)
Lyn, Eleri,
Underwear Fashion in Detail (London, 2014)
Osma, Guillermo de,
Mariano Fortuny: His Life and Work (London, 2015)
Rothstein, Natalie, (ed.),
400 Years of Fashion (London, 1999)
Rose, Clare,
Art Nouveau Fashion (London, 2014)
Stanfill, Sonnet, (ed.),
80s Fashion: From Club to Catwalk (London 2013)
Stanfill, Sonnet,
The Glamour of Italian Fashion Since 1945 (London, 2014)
North, Susan,
18th-Century Fashion in Detail (London, 2018)
Wilcox, Claire,
Alexander McQueen (London, 2016)
Wilcox, Claire, (ed.),
Frida Kahlo: Making Herself Up (London, 2018)
Wilcox, Claire,
The Golden Age of Couture (London, 2008)
Wilcox, Claire with Currie, Elizabeth,
Bags (London, 2017)

图片版权

a=above, b=below, c=centre, l=left, r=right

致谢

非常感谢苏珊娜·史密斯（Suzanne Smith）在最新版本中为额外的服装拍摄照片。我们要感谢摄影师皮普·巴纳德（Pip Barnard）和插画家底博拉·马林森（Deborah Mallinson），他们的新图像与理查德·戴维斯（Richard Davis）的原始摄影作品和利奥妮·戴维斯（Leonie Davis）的绘画作品非常吻合。感谢凯瑟琳·约翰逊（Kathryn Johnson）和汉娜·纽威尔（Hannah Newell）在本书的整个制作过程中的指导工作。感谢Thames & Hudson出版社的科琳娜·帕克（Corinna Parker）和苏珊娜·英格拉姆（Susanna Ingram）的耐心和专业。

原书索引

References to illustrations are in **bold**.

图书在版编目（CIP）数据

20世纪时装细节 / (英) 克莱尔·威尔考克斯 (Claire Wilcox) , (英) 瓦莱丽·D.门德斯 (Valerie D. Mendes) 著 ; 彭杰斯, 刘芳译. -- 重庆 : 重庆大学出版社, 2022.3
（万花筒）
书名原文: 20th century fashion in detail
ISBN 978-7-5689-3043-7

Ⅰ. ①2… Ⅱ. ①克… ②瓦… ③彭… ④刘… Ⅲ. ①时装 – 历史 – 世界 – 20世纪 Ⅳ. ①TS941-091

中国版本图书馆CIP数据核字(2021)第236521号

20世纪时装细节
20 shiji shizhuang xijie

[英] 克莱尔·威尔考克斯（Claire Wilcox）
[英] 瓦莱丽·D.门德斯（Valerie D.Mendes） 著
彭杰斯 刘 芳 译

策划编辑: 张 维
责任编辑: 侯慧贤
责任校对: 关德强
装帧设计: M^OO Design
责任印制: 张 策

重庆大学出版社出版发行
出版人: 饶帮华
社址:（401331）重庆市沙坪坝区大学城西路21号
网址: http://www.cqup.com.cn
印刷: 北京利丰雅高长城印刷有限公司

开本: 890mm × 1240mm 1/16 印张: 14.25 字数: 301千
2022年3月第1版 2022年3月第1次印刷
ISBN 978-7-5689-3043-7 定价: 199.00元

版贸核渝字（2020）第101号